# 轨道交通"四网融合"无线通信设计指南

中关村轨道交通视频与安全产业技术联盟
铁路卫星与新技术应用专业委员会　编著

中国铁道出版社有限公司

2024年·北京

# 内 容 简 介

本书主要包括列车跨线运行的"四网融合"无线通信业务需求分析、无线通信技术制式及技术发展趋势、列车跨线运行的"四网融合"无线通信设计原则和列车跨线运行的"四网融合"无线通信设计案例等内容。

本书可供轨道交通通信专业人员学习、培训使用,也可供相关专业人员参考。

**图书在版编目(CIP)数据**

轨道交通"四网融合"无线通信设计指南／中关村轨道交通视频与安全产业技术联盟铁路卫星与新技术应用专业委员会编著. -- 北京：中国铁道出版社有限公司,2024.11. -- ISBN 978-7-113-31500-9

Ⅰ. TN929.5-62

中国国家版本馆 CIP 数据核字第 2024ZU7562 号

书　　名：**轨道交通"四网融合"无线通信设计指南**

作　　者：中关村轨道交通视频与安全产业技术联盟铁路卫星与新技术应用专业委员会

**责任编辑**：亢嘉豪　　　　　　　　编辑部电话：(010)51873134
**封面设计**：崔丽芳
**责任校对**：刘　畅
**责任印制**：高春晓

**出版发行**：中国铁道出版社有限公司(100054,北京市西城区右安门西街 8 号)
网　　址：https://www.tdpress.com
印　　刷：北京联兴盛业印刷股份有限公司
版　　次：2024 年 11 月第 1 版　2024 年 11 月第 1 次印刷
开　　本：880 mm×1 230 mm 1/32　印张：2.75　字数：77 千
书　　号：ISBN 978-7-113-31500-9
定　　价：35.00 元

# 编审委员会

# 前　　言

　　交通强国是以习近平同志为核心的党中央立足国情、着眼全局、面向未来作出的重大战略决策,是全面建成社会主义现代化强国的重要支撑。锚定高质量发展,由各种交通方式相对独立发展向一体化融合发展转变,构建人民满意、世界领先的安全、便捷、绿色、高效的现代化综合交通体系,是交通强国的重要目标。

　　为统筹推进交通强国建设,2019 年 9 月中共中央、国务院印发《交通强国建设纲要》,提出"建设城市群一体化交通网,推进干线铁路、城际铁路、市域(郊)铁路、城市轨道交通融合发展"的战略要求。我国轨道交通体系更加强调"四网融合"发展,更加注重多层次轨道网络的衔接和协同。在轨道交通体系中,干线铁路、城际铁路、市域(郊)铁路、城市轨道交通这"四网"分属于不同的层次,既有功能分工,又有紧密联系。干线铁路主要服务于跨区域出行,城际铁路主要服务于相邻城市间或城市群,市域(郊)铁路主要服务于都市圈,城市轨道交通主要服务于城市中心城区。列车跨线运行的"四网融合",是以出行者的需求为核心导向,实现干线铁路、城际铁路、市域(郊)铁路、城市轨道交通的网络整合,尽可能实现起讫点直达,提供高效便捷的一体化衔接、一票制联程、零距离换乘服务,系统构建"一张网"格局。这就要求线路走廊之间应在满足需求的前提下,达到贯通联络的要求,使得依据点到点需求开行班列成为可能;应关注"到站即目的地"的需求,实现多层次铁路客运枢纽与城市空间的高效链接融合;应推进运营管理、票务票制等方面的创新融合,并前置融入规划建设予以考虑,致力提供高质量、一体化轨道交通服务。因此,列车跨线运行的"四网融合"既是交通与空间功能的融合,也是运营服务的融合,更是网络和基础设施的融合和共享。

中国主要城市群地区的干线铁路、城际铁路、城市轨道交通的规模已较为完善,而中间层次的市域(郊)铁路相对滞后,无论从设施规模还是服务模式上都难以服务中短距离、高强度、多样化、高频次、强时效的市域(郊)出行群体。因此,未来应因地制宜补短板、统筹列车跨线运行的"四网融合"发展,探索轨道交通运营管理"一张网",才能进一步促进区域一体化发展,优化区域交通结构。

无线通信是实现轨道交通数字化、智能化、网络化的重要技术,应坚持全程全网集中统一管理的原则开展顶层设计,推进"四网"通信系统互联互通,以便更好地服务于跨线列车运输指挥。目前"四网"使用的无线通信业务需求不同,技术制式多样,标准相对独立,各种制式的无线通信技术在使用频率、承载能力、业务容量、未来发展趋势等方面也各不相同,这给列车跨线运行的"四网融合"无线通信设计带来了挑战。因此,本书重点研究满足列车跨线运行时"四网融合"无线通信方案设计,并对其他相关通信系统的设计原则做了初步探究,未来还将进一步研究满足列车跨线运行时"四网融合"通信系统方案。

中关村轨道交通视频与安全产业技术联盟铁路卫星与新技术应用专业委员会根据市域(郊)铁路设计需求,组织国内铁路主要设计单位和部分会员单位共同编写了《轨道交通"四网融合"无线通信设计指南》,梳理了列车跨线运行的"四网融合"无线通信业务承载需求,重点关注行车指挥与控制类业务需求,总结并分析了既有无线通信技术制式和发展趋势,提出了列车跨线运行的"四网融合"无线通信设计原则,总结已开通及处于设计阶段的各种市域(郊)、城际与干线铁路、城市轨道交通融合项目的设计案例,并提出了列车跨线运行的"四网融合"市域(郊)铁路无线设计参考方案。

本书由北京全路通信信号研究设计院集团有限公司牵头,中铁第四勘察设计院集团有限公司、中铁二院工程集团有限责任公司、中国铁路设计集团有限公司、中铁通信信号勘测设计院有限公司、中铁电气化局集团设计研究院、中铁工程设计咨询集团有限公司、中铁第五勘察设计院集团有限公司、北京城建设计发展集团股份有限公司、北京佳讯飞鸿电气股份有限公司、南京泰通科技股份有限公司等单位共同编写完成。

本书充分考虑了"四网融合"跨线运行时出现的新场景、新问题,结合轨道交通各类无线通信技术现状及发展趋势,力求形成共识性的设计原则。希望通过本书,为涉及列车跨线运行的"四网融合"无线通信设计、系统设备选择提供参考依据。由于编著者水平有限,书中难免有遗漏和不妥之处,诚请读者批评指正。

编著者
2024 年 7 月

# 目 录

# 第一章 列车跨线运行的"四网融合"无线通信业务需求分析

　　干线铁路、城际铁路、市域（郊）铁路及城市轨道交通的无线通信需求可分为专网业务和公众业务两大类，其中专网业务又划分为行车指挥及控制、运营维护两大类。

　　列车跨线运行时，无线通信系统首先应解决行车指挥与控制类业务需求，满足列车跨线运行，促进"四网融合"。以下分别对干线铁路、城际铁路、市域（郊）铁路和城市轨道交通的行车指挥与控制类业务进行分析。

## 一、干线铁路

　　干线铁路 GSM-R 系统承载的行车指挥及控制业务主要包括调度语音、CTCS-3 列控信息、调度命令、列车无线车次号校核信息、列车自动驾驶（ATO）信息、列车尾部安全防护信息等。铁路移动通信系统正在向 5G-R 演进，5G-R 将接续承载现有各类行车指挥及控制业务，还需充分发挥 5G 技术能力，拓展服务保障领域，支持基于网络的列车安全防护预警信息、列车接近预警信息、列车超视距信息、灾害防护与周界入侵监测信息以及基础设施状态感知信息等安全业务的数据传送。

## 二、城际铁路

　　城际铁路无线通信系统承载的行车指挥与控制类业务主要包括调度语音、调度命令和无线车次号校核、列车控制信息传送（CTCS2＋ATO 或 CBTC）。

## 三、市域（郊）铁路

　　市域铁路无线通信系统承载的行车指挥与控制类业务主要包括调度

语音、调度命令、无线车次号校核、列车运行控制信息（CTCS2＋ATO 或 CBTC）等。

### 四、城市轨道交通

城市轨道交通无线通信系统承载的行车指挥与控制类业务主要包括 CBTC 列车运行控制信息、集群调度语音、调度命令、列车运行状态监测信息、列车紧急文本信息、实时视频监控、实时乘客信息传送等。

### 五、列车跨线运行的"四网融合"需求分析

随着轨道交通的快速发展，轨道交通网络化运营已成为未来的发展趋势。在此模式下，优化行车组织方式、提高运输效率已成为当前轨道交通发展的新目标。

运用线路互通的运行方式，使不同线路的列车能共享线网中的线路资源，调用客运量小的线路列车支援客运量大的线路，实现列车跨线运行是提高运输效率的有效措施。

根据市域（郊）铁路功能定位的需求，其与干线铁路、城际铁路、城市轨道交通间可实现跨线运行，以减少换乘。列车跨线运行，需要统筹规划、构建一体化的运营服务。因此，在列车跨线运行至不同线路时，无线通信系统需承载与行车相关的调度通信及列车控制信息的传送。这既是列车跨线运行的"四网融合"发展需求的重要前提，同时也是无线通信设计时应重点考虑的内容。

# 第二章 无线通信技术制式及技术发展趋势

随着轨道交通行业对无线通信需求的增加,频率成为移动通信专网发展的稀缺资源。目前,轨道交通专网经无线电管理机构许可后可以使用的频段包括 400 MHz、450 MHz、900 MHz、1.8 GHz 等。另外,基于 5G 技术的铁路下一代移动通信系统 2.1 GHz 试验频率已经获批,并在铁科院集团公司东郊环线开展兼容及适用性实验。

轨道交通使用的频率范围及频率有效期如下:

400 MHz 频率范围为 403.487 5~423.412 5 MHz 中的 24 对双频频点和 130 个单频频点,信道带宽 12.5 kHz,频率许可有效期至 2035 年 12 月 31 日;

450 MHz 频率范围为 457.2~458.65 MHz/467.2~468.65 MHz,信道带宽 25 kHz,频率使用许可有效期至 2028 年 12 月 31 日;

900 MHz 频率范围为 885~889 MHz/930~934 MHz,信道带宽 200 kHz,频率许可有效期至 2035 年 12 月 31 日;

1.8 GHz 频率范围为 1 785~1 805 MHz;

2.1 GHz 试验频率范围为 1 965~1 975 MHz/2 155~2 165 MHz,试验频率有效期至 2025 年 12 月 31 日。

为满足无线通信业务需求,在轨道交通的各领域出现了多种无线通信制式,实现了行车指挥与控制及运营维护业务的单项业务或多项业务的综合承载。下面分别针对干线铁路、城际铁路、市域(郊)铁路及城市轨道交通等领域无线系统应用现状,以及轨道交通无线通信技术发展趋势进行介绍。

## 一、干线铁路

1. 列车无线调度通信系统

列车无线调度通信系统是我国铁路重要的行车通信系统,采用模拟对讲技术,第一个标准于 1981 年发布。该系统主要用于调度员、机车司机、列车车长、车站值班员之间的"大、小三角"通话。20 世纪 90 年代中期,无线列调在承载语音业务之外,开始承载少量数据业务。

列车无线调度通信系统工作频段为 457.200~458.625 MHz/467.200~468.625 MHz,由调度台、调度总机、车站电台、机车电台、便携电台、区间中继设备、漏缆、有线通道和专用维护设备等构成,如图 2-1 所示。

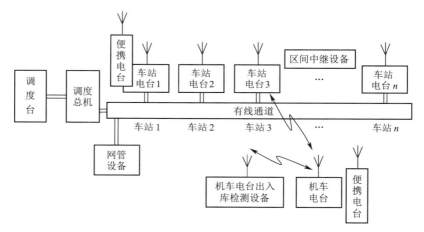

图 2-1　450 MHz 无线列调系统构成

在铁路局集团公司调度所设置调度总机,沿线车站设置车站电台,根据覆盖需要在沿线区间设置区间中继设备,承载调度语音通信、调度命令信息无线传输等业务。

截至 2023 年底,我国仍然有 6 万 km 普速铁路线配备无线列调系统。列车无线调度通信系统存在频率资源利用率低、抗干扰能力差等问题,目前已不能很好地满足列车运营要求。工业和信息化部无线电频率重新做了规划和调整,并明确了使用期限,原铁路专用 450 MHz 频段许可期限至2028 年底,450 MHz 无线列调系统面临升级改造问题。

2. GSM-R 系统

GSM-R 是铁路专用的数字移动通信系统,在 GSM 技术的基础上增加了铁路应用,可为铁路运输提供语音和数据服务。从 2006 年起,我国所有新建铁路线路均部署 GSM-R 系统,并开始由 450 MHz 无线列调系统向 GSM-R 系统逐步有序过渡。截至 2023 年底,GSM-R 系统覆盖铁路里程超过 8 万 km,共有基站 2 万多套。

GSM-R 系统由 SSS、IN、GPRS、BSS、无线终端和 OSS 组成。

GSM-R 系统主要设备组成及接口如图 2-2 所示。

GSM-R 业务包括语音业务(包括个呼、组呼)、数据业务、与呼叫相关的业务和铁路特定业务(功能寻址、基于位置寻址、基于位置的呼叫限制、铁路紧急呼叫)。

GSM-R 功能包括支持基本业务的功能、支持移动性操作的功能、呼叫处理附加功能、管理功能和其他功能。

我国 GSM-R 是近 20 年来广泛应用的一种铁路列车对地通信系统。然而,随着铁路数字化转型的发展需要,仅具有 4 MHz 带宽的 GSM-R 无法在交叉并线、枢纽区域提供足够的容量,同频、邻频干扰很难规避,GSM-R 的网络规划越来越困难。此外,GSM-R 产业链器件和芯片停产是不可回避的问题,GSM-R 系统产品已经到了生命末期。

3. 列车数字无线调度通信系统

随着国家产业政策和无线电频率管理政策的调整,既有模拟制式列车无线调度通信系统需要逐步向数字制式转换。为满足铁路运输生产需要,国铁集团于 2021 年底开展基于 400 MHz 频段的列车数字无线调度通信系统的研究工作。目前在多个铁路局集团公司立项了列车数字无线列调的科研项目,开展了上道试验验证工作,经过上道试验验证了系统基本的功能,已于 2023 年 8 月在呼和浩特局集团公司集二线开展了试用评审。

2023 年 9 月,工业和信息化部发布的《工业和信息化部关于委托国家铁路局实施无线电频率使用许可有关事项的函》(工信部无函〔2023〕260 号)中,明确 400 MHz 频率铁路数字移动通信系统频率增加至 24 对双频、130 个单频(既有 8 对双频点、8 个单频点),由国家铁路局实施无线电频率许可。国家铁路局正在开展 400 MHz 频率的规划工作,重新分配各类无线电业务的使用频率,届时列车数字无线调度通信系统将可以合法合规地使用 400 MHz 频率。

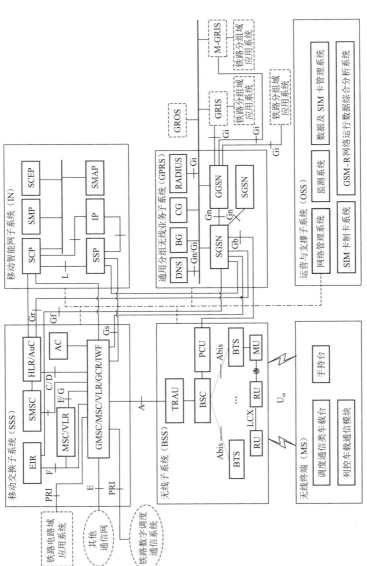

图 2-2　GSM-R 系统主要设备组成及接口

注：1. 实框表示 GSM-R 系统，虚框表示其他系统。
2. GRIS、M-GRIS、GROS 是铁路分组域应用系统与 GPRS 子系统之间的接口设备。
3. MSC 包括 3GPP UMTS（通用陆地移动通信系统）规范版本 99（R99）网络架构的 MSC 和 3GPP UMTS 规范版本 4（R4）网络架构的"MSC-Server 和 MGW"。

列车数字无线调度通信系统由数字列调接口服务器、固定电台控制设备、固定电台、调度/车站操作台、光纤直放站、天线、漏缆、CIR、列调对讲设备、网络管理设备、数据管理设备、管控设备、出入库检测设备、维修工装等构成,如图 2-3 所示。

列车数字无线调度通信系统具有语音个呼、语音组呼及数据传输功能,支持 CTC 调度集中业务数据传输。

4. 5G-R 系统

2020 年,国铁集团从自身实际情况和数字化、智能化发展需求出发,确定了铁路新一代移动通信采用 5G 技术制式,并开始相关的课题研究、标准制定、试验验证等工作。目前,已完成 5G-R 核心网、基站、智能网、调度通信、机车综合无线通信设备等 5G-R 专用装备研发工作;已发布标准技术文件 3 项,分别为《铁路 5G 专网业务和功能需求暂行规范》(铁科信〔2021〕63 号)、《铁路 5G 专用移动通信(5G-R)系统需求暂行规范》(铁科信〔2021〕128 号)、《铁路 5G 专用移动通信(5G-R)系统总体技术要求(暂行)》(铁科信〔2022〕133 号)。

2023 年 10 月,工业和信息化部正式批复国铁集团使用 1 965 ~ 1 975 MHz、2 155 ~ 2 165 MHz 频率在国家铁道实验中心开展 5G-R 技术试验。

5G-R 专用移动通信系统由核心网、无线接入网、用户设备、运营与支撑系统以及应用接口/接入管理设备组成,5G-R 专用移动通信系统架构如图 2-4 所示。

5G-R 系统支持传送语音业务(包括个呼、组呼),数据业务(包括点对点、点对多点数据业务),视频业务(点对点、点对多点、视频个呼、视频组呼等),与呼叫相关的业务,铁路特定业务(功能寻址、基于位置寻址、基于位置的呼叫限制、铁路紧急呼叫、车载数据汇聚传送)。

5G-R 拟使用频段为 2 100 MHz,系统带宽为 2×10 MHz,系统能承载的业务有限。因此对行车相关的业务及运营维护业务这两类与运输生产相关的业务采用 5G-R 承载,其他铁路建造、经营开发和企业管理中的应用及旅客服务等非安全的、大带宽需求的业务可以利用公网 5G 或铁路站场 5G 毫米波热点覆盖进行有效补充。

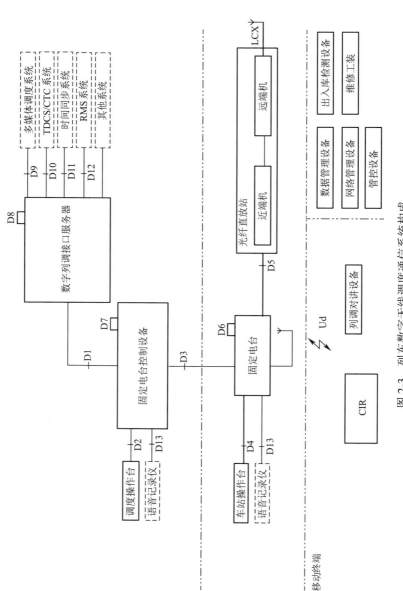

图 2-3　列车数字无线调度通信系统构成

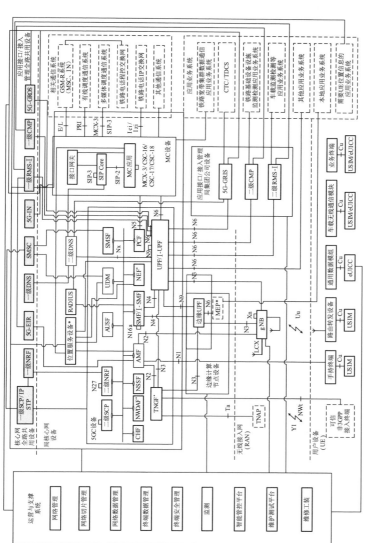

图 2-4　5G-R 系统构成

注：1. ▭ 为 5G-R 系统全路共同设备，▭ 为局接共路共用设备，▭ 为其他系统，标 * 网元为可选网元。
2. 局间漫游情况下，SMF 可作为 I-SMF 插入，与其他局 SMF 互联；UPF 可作为 I-UPF 插入，与其他局 UPF 互联。
3. 其他应用业务系统包含列控系统，E-GRIS 等不需要应用接口接入管理设备的应用业务系统。

5G-R 的集群通信采用基于 3GPP R16 标准的 MC 技术。5G-R 核心网设置 MC 设备负责集群业务的处理,MC 设备主要由 SIP core、录音录像与数据记录、MC 应用服务和接口网关等子系统组成。MC 设备支持语音/视频/数据的铁路宽带集群通信业务功能,支持与呼叫相关的业务及铁路特定业务功能,支持使用专用承载,能够与 5G-IN、GSM-R 系统、有线调度通信系统、多媒体调度通信系统等实现互联互通。5G-R MC 设备系统架构如图 2-5 所示。

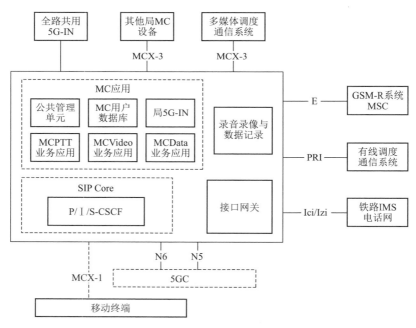

图 2-5 　5G-R MC 设备系统架构

5. 干线铁路无线通信技术未来发展趋势

随着铁路快速发展,铁路专用移动通信系统在铁路运输效率方面的角色变得日益重要。面对移动通信技术的迅速演进以及频率资源的日益紧张,铁路专用移动通信系统的数字化、宽带化成为未来发展方向。GSM-R 数字移动通信系统和正在研究的 5G-R 专用移动通信系统可以满足高速铁路、干线铁路行车指挥、运营维护等业务对话音和数据传送的承载需求,列车数字无线调度通信系统可以满足行车密度较低、线路等级不高的普速铁路及地方专用线线路对语音和 CTC 业务的数据传输需求。因此,列车数字无线调度通信系统、5G-R 专用移动通信系统将成为主要发展方向,铁路无线通信技术升级换代指日可待。

为进一步提升铁路网络安全水平和信息化智能化水平,提升铁路服务品质和效率效益,尽可能承载除旅客和客运人员接入互联网外的应用,按照线路等级匹配、投入产出合理、资源配置均衡的原则,未来铁路专用无线通信将走向高等级线路配备 5G-R 专用移动通信系统、低等级线路配备列车数字无线调度通信系统的宽窄带结合之路。

**二、城际铁路及市域(郊)铁路**

城际铁路及市域(郊)铁路起步较晚,因此主要借鉴干线铁路及城市轨道交通的无线通信制式,无线通信专网较多地使用了近年来相对主流的 GSM-R、LTE-M 制式。城际铁路及市域(郊)铁路体量较小,业务需求与干线铁路及城市轨道交通相似,也没有专用的无线频率资源,城际铁路及市域(郊)铁路很难单独发展自成体系的技术制式。因此,未来城际铁路及市域(郊)铁路仍将借鉴干线铁路及城市轨道交通的无线通信制式,随着干线铁路及城市轨道交通的无线通信制式的演进而向前发展。近年来,国家铁路局和地方及相关社会团体陆续发布了市域(郊)铁路通信专业相关标准,详见附录 A。

**三、城市轨道交通**

1. TETRA 通信系统

TETRA(Trans European Trunked Radio)通信系统是基于数字时分多址(TDMA)技术的专业移动通信系统,该系统是 ETSI(欧洲通信标准协会)为了满足欧洲各国的专业部门对移动通信的需要而设计、制定统一标准的开放性系统。

TETRA 通信系统可提供指挥调度、数据传输和电话服务,不仅提供多群组的调度功能,还可以提供短数据信息服务、分组数据服务以及数字化的全双工移动电话服务,在城市轨道交通领域,主要用于承载调度通信业务。

TETRA 系统由集群交换设备、二次开发设备、基站、调度终端、车载台、手持台、固定台及管理设备等组成,TETRA 系统架构如图 2-6 所示。

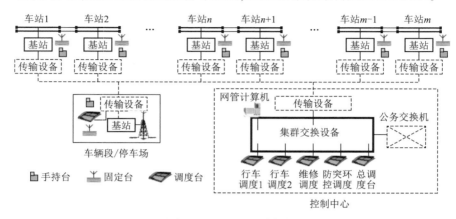

图 2-6　TETRA 系统架构

TETRA 系统支持通话功能、呼叫功能(包括单呼、组呼、全呼等)、数据功能、辅助功能及网络管理功能。

TETRA 系统工作频段为(参考值):806~821 MHz(移动终端发、基站收),851~866 MHz(基站发、移动终端收)。TETRA 系统在各方面均具有较为明显的优点,可较好地实现轨道交通无线通信系统功能,而且目前国内厂家也在积极开发和引进先进的 TETRA 系统,有完整的产业链和成熟的二次开发配套产品,符合《数字集群移动通信系统体制》(SJ/T 11228—2000)的规定。截至 2023 年底,全国地铁线路超过 240 条采用 TETRA 通信系统实现无线调度功能。

2. WLAN 无线接入通信系统

WLAN 是一种利用无线技术实现快速接入以太网的技术,主要依据的标准是 IEEE 802.11 系列标准,具有灵活性高、安装便捷、易于扩展、组网简单等特点。WLAN 系统使用 ISM 频段中的 2.4 GHz(2 400~2 483.5 MHz)或 5.8 GHz(5 725~5 850 MHz)进行无线连接。

在城市轨道交通中,WLAN 主要用于单独承载列车控制信息、PIS 业务或 CCTV 业务。WLAN 系统一般使用 2.4 GHz 建设承载列车控制信息的系统,使用 2.4 GHz 或 5.8 GHz 建设承载 PIS 和 CCTV 业务的系统。自 2016 年后,WLAN 基本不再承载行车指挥与控制类业务,主要用于承载 PIS、CCTV 系统的车地无线数据,满足城市轨道交通大带宽业务的需求。

WLAN 系统由无线控制器、网络管理设备、交换机、AP 等设备组成,WLAN 系统架构如图 2-7 所示。

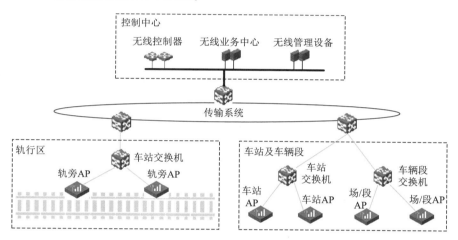

图 2-7　WLAN 系统架构

WLAN 系统支持信息显示、定时自动播出、多语言支持、区域屏幕分割、视频播放与管理以及网络管理功能。

截至 2023 年底,全国超过 50 条地铁线路采用 WLAN 无线接入系统实现 PIS、CCTV 业务的无线数据传输。同时,部分城市正在探索利用 WLAN 技术实现人员和设备的定位功能。

3. LTE-M 城市轨道交通车地综合通信系统

LTE-M 系统是城市轨道交通专用车地综合无线通信系统,在 LTE 技术的基础上增加了城市轨道交通应用业务,采用正交频分复用(Orthogonal Frequency Division Multiplexing,OFDM)、多输入多输出(Multiple Input Multiple Output,MIMO)、调度、反馈等多种技术,具有综合承载能力强、抗干扰能力强和适应高速等特点,已经在国内城市轨道交通车地通信系统中全面应用并持续发展。

LTE-M 系统使用电力、航空、石油和轨道交通共用的 1.8 GHz（1 785～1 805 MHz）频段。

LTE-M 系统由核心网设备、BBU 设备、RRU 设备、TAU 以及车载台设备组成。LTE-M 系统架构如图 2-8 所示。

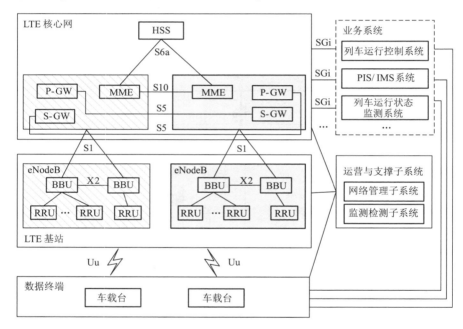

图 2-8　仅支持数据功能 LTE-M 系统架构

LTE-M 系统实现了列车控制信息、集群调度、车载 PIS、车载 CCTV、列车运行状态监测、紧急信息等多种车地无线业务的综合承载。因承载了 CBTC 业务，使用 15 MHz+5 MHz 或 10 MHz+5 MHz 等频宽资源分配方案构建 A/B 双网，提高列车控制业务的可靠性。

LTE-M 系统推荐使用 15 MHz+5 MHz 频宽资源分配方案，构建 A/B 双网，实现车地无线业务的综合承载（列控、PIS、车载视频、列车运行状态监测、紧急信息等）。隧道区间采用 RRU+双漏缆方式覆盖。

LTE-M 系统支持数据功能、集群调度功能（包括单呼、组呼、紧急呼叫等）、乘客紧急对讲功能、网络管理等功能。

2015年工业和信息化部发布《关于重新发布1 785~1 805 MHz频段无线接入系统频率使用事宜的通知》，明确了城市轨道交通车地无线通信使用的频段为1.8 GHz，《城市轨道交通车地综合通信系统（LTE-M）》系列规范（共19项）于2018年9月10日正式发布。截至2023年底，LTE-M标准已经应用于40多个城市，超过140条城市轨道交通线路均采用LTE-M技术，承载了包括CBTC、集群调度、PIS、CTTV、列车状态信息等在内的多种车地无线业务。LTE-M已成为我国城市轨道交通车地无线的主流技术。

4. EUHT无线接入通信系统

EUHT（Enhanced Ultra High Throughput，增强型超高吞吐）技术是我国自主研发的全球首个能够解决"移动宽带一体化"的通信技术系统，结合未来移动通信系统高可靠、低时延、高移动性等需求设计，由具备完全自主知识产权的核心芯片和整套技术应用标准组成。目前，EUHT拥有超高速无线局域网等四项国标（标准号为 GB/T 31024.1—2014、GB/T 31024.2—2014、GB/T 31024.3—2019、GB/T 31024.4—2019）。

EUHT技术首先在广州地铁14号线、21号线、知识城支线等地铁线路应用，实现了地铁车载VMS和车载PIS系统业务的综合承载。2020年12月31日，北京地铁首都机场线EUHT研发试验工程完工，利用1.8 GHz（地下20 MHz、地面15 MHz）+5.8 GHz（80 MHz）组建A/B双网，其中A网承载CBTC、集群调度、PIS、CTTV（实时调看）、列车状态信息等，B网承载CBTC、PIS、CTTV（回传）、6C业务等。

2021年12月31日，北京地铁11号线（冬奥支线）开通，EUHT系统综合承载了CBTC、宽带集群调度、PIS、VMS、PA、乘客紧急对讲及6C、走行部、综合运维、列车乘客智能分析、乘客招援等多项智慧城市轨道交通业务，在国内首次实现了EUHT宽带集群调度业务的承载。

EUHT系统可使用1.8 GHz（1 785~1 805 MHz）及5.8 GHz（5 725~5 850 MHz）频率组网。

EUHT系统由中心层、接入层和终端层三个部分构成，系统架构如图2-9所示。

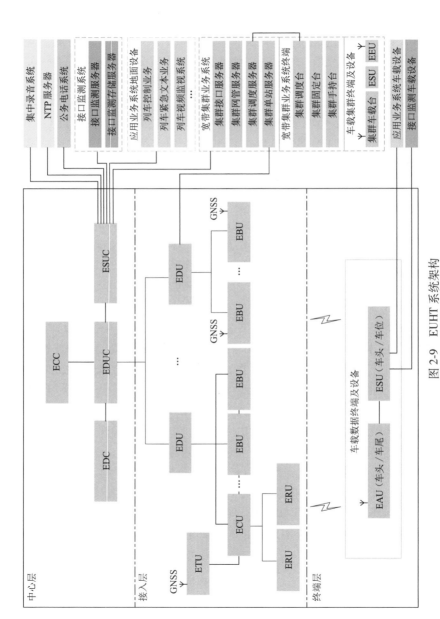

图 2-9　EUHT 系统架构

注：图中实框表示 EUHT 系统，虚框表示其他系统。

EUHT 系统承载集群业务时,需设置宽带集群业务系统,包括集群接口服务器、集群网管服务器、集群调度服务器、集群单站服务器、集群调度台、集群固定台、集群手持台和车载集群终端及设备。当 EUHT 系统承载列车控制系统业务时,需设置接口监测系统。接口监测系统包括接口监测服务器、接口监测存储服务器、接口监测车载设备。

目前 EUHT 系统设备主要支持的频段包括 1.8 GHz 及 5.8 GHz。

5.5G 公专网

中国城市轨道交通协会在 2020 年 3 月发布了《中国城市轨道交通智慧城轨发展纲要》,明确指出城市轨道交通建设遵循"推进城轨信息化、发展智能系统、建设智慧城轨"的主线,顶层设计了"1-8-1-1"布局蓝图。在智能智慧技术体系中,5G 技术和物联网是智能系统的重要落地方向,5G 高带宽、低时延、高可靠性的技术优势可为智慧城轨的旅客服务、视频交互、智慧列车、无人维修等应用提供稳定可靠的传输通道。

轨道交通 5G 公专网系统是基于运营商 5G 公网,利用网络切片技术,提供专属网络能力,承载城市轨道交通数据业务,覆盖城市轨道交通全场景,实现 5G 公网专用的网络。5G 公专网系统由 5G 核心网、5G 专用边缘计算节点、无线接入网、5G 专用用户设备组成。其中,5G 核心网及无线接入网由运营商进行建设。5G 专用边缘计算节点及 5G 专用用户设备由城市轨道交通进行建设。5G 公专网系统架构如图 2-10 所示。

5G 公专网系统支持传送语音业务(包括个呼、组呼)、数据业务(包括点对点、点对多点数据业务)、视频业务(点对点、点对多点、视频个呼、视频组呼等)、与呼叫相关的业务等。

2019 年 12 月,南京地铁、南京联通、西门子联合规划,在马群车辆基地打造了全国首个 5G 智慧轨道示范项目,完成了基于公网 5G 切片的全业务(含 CBTC)测试验证工作。南京地铁在宁句线工程中开展了基于 5G 公专网通信、信号、车辆、综合监控、AFC、电扶梯等业务的应用示范,已于 2021 年底开通运营。2024 年 5 月,《城市轨道交通 5G 公专网》团体标准已正式发布。目前南京地铁、重庆地铁、武汉地铁、广州地铁、深圳地铁、石家庄地铁、洛阳地铁等多个城市的地铁均已开展了基于 5G 公网的智能智慧化应用探索。

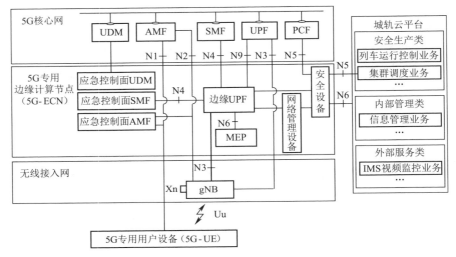

图 2-10　5G 公专网系统架构

6. 其他集群调度通信系统

　　目前在城市轨道交通中应用的集群调度通信有 MC 集群、TETRA 数字集群通信系统、B-TrunC（Broadband Trunking Communication，宽带集群通信）、PoC（Push-to-talk over Cellular）。由于 3GPP MC 标准既可以支持 LTE 也可以支持 5G，对采用 LTE 制式的城市轨道交通、市域（郊）铁路都可提供集群调度功能，也具备与干线铁路、城际铁路未来演进到 5G-R 的良好的互联互通性。

　　适用于铁路和城市轨道交通的、基于 MC 的融合集群调度系统架构如图 2-11 所示，支持 LTE-M、LTE-R、5G-R 核心网的接口，支持与铁路有线调度系统、城市轨道交通专用电话系统、城市轨道交通现有宽带集群调度系统的互联互通。

　　B-TrunC 是由宽带集群产业联盟组织制定的基于 TD-LTE 的"LTE 数字传输+集群语音通信"专网宽带集群系统标准，2012 年 11 月在 CCSA（中国通信标准化协会）上正式立项并启动。

　　B-TrunC 第一阶段技术标准于 2014 年完成并发布，2015 年成为 ITU 推荐的首个支持点对多点语音和多媒体集群调度的公共安全与减灾应用的

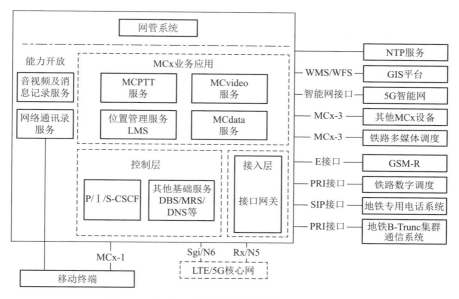

图 2-11　基于 MC 的融合宽带集群调度系统架构

LTE 宽带集群标准。B-TrunC 第一阶段技术标准在保证兼容 LTE 数据业务的基础上,增强了语音集群基本业务和补充业务以及多媒体集群调度等宽带集群业务功能,具有灵活带宽、高频谱效率、低时延、高可靠性的特征,能够满足专业用户对语音集群、宽带数据、应急指挥调度等需求。

2021 年 4 月,工业和信息化部批准公布宽带集群通信(B-TrunC)系统第二阶段标准。B-TrunC 第二阶段标准是在第一阶段标准的基础上,进一步提升了大规模组网、网间切换和漫游、基站与核心网设备接口开放等能力,增强了对无线政务、公共安全、轨道交通和铁路等行业的宽带多媒体集群调度功能以及定位和多媒体消息等新业务,并实现与窄带数字集群通信、PSTN、公众蜂窝移动通信网的融合互通,为宽带集群和应急通信规模化发展提供了坚实的标准依据。

目前,我国宽带集群产业联盟正在研究制定面向 5G 的宽带集群第三阶段标准,将向更加多样化的场景、更高的业务性能要求和全方位的安全保障方向演进,充分考虑公网和专网的融合发展、宽带和窄带的协同应用,为行业用户提供全面服务,更好地实现行业宽带化、数字化和信息化的高质量发展目标。

支持 B-TrunC 集群功能的 LTE-M 系统架构,由无线终端、集群基站、集群核心网、调度台和运营与支撑子系统组成,系统架构如图 2-12 所示。

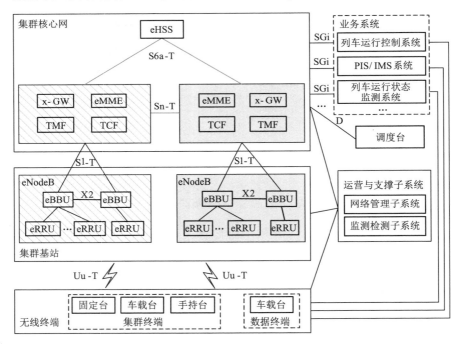

图 2-12　支持集群调度及数据功能 LTE-M 系统架构

PoC 服务是用户通过公众蜂窝移动网络进行即时 PTT 双向通信的标准,PoC 业务呼叫建立时间短,能够发起半双工方式的群组呼叫。PoC 标准化定义了如何实现一键通功能,类似于 IDEN 在 GSM 中提供的功能。其目的是针对 2G、3G 和 LTE 网络,将移动网络数据通道用作管道,但 GSM、CDMA 和 UMTS 缺乏 LTE 的稳健性和能力,因此解决方案受到限制。随着 LTE 的广泛应用,尤其是 LTE 实时视频调度应用的发展使得 PoC 在以视频应用为中心的智慧管理调度平台扮演着重要角色,被广泛地应用在企事业单位、团体部门的工作管理和指挥调度业务中。朔黄铁路通过 LTE 专网承载的 PoC 集群通信服务,已开通应用,使用效果良好。

PoC 集群调度的优点是使用便利、没有距离限制、覆盖广、成本低,缺点是使用公网 IP 通道进行通信,可靠性比专网集群低。PoC 集群调度部署快,可满足集群调度的绝大多数功能要求,可作为专业集群系统的有效补充。

PoC 集群调度通信系统主要由 PoC 业务服务器、PoC 应用服务器、终端、调度台等部分组成,可实现语音对讲、指挥调度、视频传输、位置管理等功能。

7. 无线通信技术未来发展趋势

随着《中国城市轨道交通智慧城轨发展纲要》的发布,城市轨道交通行业各类智慧应用进入快速发展阶段,对于无线网络的需求也越来越高。传统的 TETRA、WLAN 等系统已经无法满足智慧城轨发展的需要,严重限制了各种智慧应用的落地与实施。

轨道交通使用的 1.8 GHz(1 785~1 805 MHz)频段,产业链上只支持 LTE 技术制式,目前不具备演进到 5G 系统专网的条件。根据业务需求、标准依据、产业现状以及技术现状,城市轨道交通无线通信系统将为公专网融合发展。专网为 LTE-M,承载城市轨道交通涉及行车安全类业务。5G 公专网可以成为 LTE-M 系统的有效补充,承载城市轨道交通大带宽、低时延的业务,也可利用 WLAN、EUHT 等承载城市轨道交通智能、智慧等业务。

**四、轨道交通无线通信技术发展趋势**

近年来,各类应用需求的增长及技术发展,促使轨道交通无线通信向实现高可靠、低时延、大带宽的综合业务承载发展,4G、5G 技术成为主要方向。另一方面,在专网频率资源紧张、业务受限的前提下,行车指挥及控制专网业务使用专网承载,可以保证业务的可靠性,而运营维护类大带宽业务则倾向使用公网承载。

集群调度通信系统从起初与无线通信制式紧耦合(如 TETRA、GSM-R、B-TrunC 1.0)向着与无线通信制式解耦、互联互通、富媒体化的方向发展(如 MCX、PoC、B-TrunC 2.0)。

# 第三章 列车跨线运行的"四网融合"无线通信设计原则

## 一、总体要求

无线通信作为交通运输和调度指挥的重要通信手段之一,应遵循统筹规划原则,根据轨道交通运输需要,提供业务承载能力,满足使用、管理和设备维护等多样化的业务需求。在进行无线通信设计时,需遵循以下基本原则:

(1)坚持全程全网集中统一管理的原则开展顶层设计,推进"四网"通信系统互联互通。网络架构应适配跨线运行调度指挥体系和本线运维管理体制。

(2)无线电使用频率应符合国家和地方无线电管理的有关规定。

(3)系统制式应优先满足列车运行控制、调度通信等关键业务需要,按照本线为主、跨线延伸、分层部署、终端兼容、网间互通的原则选择适合的无线通信系统制式。

(4)列控业务、调度通信业务主要由专用移动通信网络承载,运营维护类业务优先使用专网承载。当专网带宽容量不能够满足运营维护类业务承载需求时,可根据业务应用需要,使用免授权频率建设专网、公众移动通信网或公众移动通信专网承载。

(5)无线通信系统的互联互通方案应结合运营需求和维护管理情况确定,并根据需要,与相关通信系统、应用业务系统进行互联。

(6)利用既有干线线路开行市域(郊)列车时,应保证干线铁路现网业务的安全性,合理利用既有设备和设施资源,根据跨线运行需求进行适应的改造或补强。

(7)应结合无线通信技术现状和演进趋势,在基础设施、设备兼容性、互联互通接口等方面为轨道交通领域下一代通信技术的应用预留条件。

## 二、互联互通

互联互通设计可参考以下基本原则:

(1)根据区域铁路总体规划要求、相关铁路无线通信业务需求和运营维护管理需求,从应用业务互通、移动通信网络互联、移动终端适配等方面考虑通信业务或系统的互联互通设计。

(2)为方便业务互通、简化无线通信系统互联和终端适配复杂度、保障跨线运行列车的业务连续性,有跨线运行关系的线路宜采用相同频段、相同制式的无线通信系统,列车跨线区段和接轨站区无线覆盖和频率配置应统一规划,避免无线干扰。

(3)有跨线运行关系的线路采用不同制式的移动通信系统时,在跨线运行区段应优先采用基于车载无线通信设备适配地面无线通信系统,特殊情况下可采用基于地面无线通信系统适配车载无线通信设备的方式实现互联互通,在列车跨线接轨站区实现不同制式的移动通信系统信号重叠覆盖,满足业务互通和切换的需要。当采用基于车载设备适配地面无线通信系统的方式时,跨线运行的列车车载无线通信设备同时支持多种制式的移动通信系统。

## 三、核心网

核心网设计可参考以下基本原则:

(1)核心网宜采用虚拟化架构,为技术制式演进预留条件。

(2)有跨线运行关系的线路,采用相同频段、相同制式无线通信系统时,根据通信网规划、业务需求和运营维护管理需求,可选择共用核心网或核心网网元下沉、边缘接入方式支持无线网延伸覆盖和业务互通。

(3)有跨线运行关系的线路,采用不同频段、不同制式无线通信系统时,不同制式的核心网之间可不考虑互联互通接口。

## 四、无线网

无线网设计可参考以下基本原则:

(1)有跨线运行关系的线路,采用相同频段、相同制式无线通信系统时,应统筹本线与接轨站区的频率规划,防止相邻线路或接轨站区的无线通信系统相互干扰。

(2)有跨线运行关系的线路,采用不同频段、不同制式的无线通信系统覆盖同一区段时,宜合设漏缆或天线。当无法共用时,漏缆或天线间距应满足系统间隔离距离要求。接轨站区宜采用重叠覆盖方式,重叠覆盖的线路长度应满足列车控制、调度通信等关键业务切换需求。

### 五、车载台

无线通信车载台分为语音调度类和数据通信类,车载台设计可参考以下基本原则:

(1)应根据跨线运行无线通信业务需求、列车运营交路,结合与地面无线通信系统适配方案、通信网络互联方案,优先保证安全生产相关业务承载,确定各类无线通信业务车载台的设置方案,实现车载台和地面无线通信系统的完全兼容。

(2)有跨线运行关系的线路,采用不同制式的移动通信系统时,采用基于车载无线通信设备适配地面无线通信系统的方式,车载无线通信设备应配置支持列车运营交路范围内涉及的全部地面无线通信系统制式和技术标准的通信模块,多制式模块宜合设。

(3)有跨线运行关系的线路,采用不同制式的移动通信系统时,采用基于地面无线通信系统适配车载无线通信设备的方式,车载无线通信设备配置应根据主要运用区段和维护管理要求确定。

(4)不同制式的列车控制类业务车载通信模块应根据列控设备的空间及接口要求确定,可采用合设多制式模块或不同制式的模块独立设置。

(5)在保证可靠性及安全性的前提下,车载天线宜支持多频段通信功能,减少车外安装空间。

### 六、相关通信系统

#### (一)承载网

1. 设计原则

(1)有跨线运行关系的线路宜采用相同制式的通信承载网。

（2）有跨线运行关系的线路采用不同制式的通信承载网时，应以满足实际需要为前提，最大限度控制工程实施难度和风险。

（3）通信承载网是否互联互通应根据其他通信系统及相关专业的实际需求确定，不仅考虑无线通信需求，还应考虑调度通信系统、售票系统、视频系统、信号系统以及运营单位的特殊需求。

（4）通信承载网互联互通时应考虑网络安全。

2. 四网常用的承载网制式及业务

干线铁路承载网包括基于 SDH/OTN 的传输网和基于路由器的数据网，传输网主要承载运输生产中安全可靠要求高的关键和核心业务，其中 GSM-R 系统也在传输网承载；数据网主要承载生产经营中安全可靠要求相对较低的信息类业务；城际铁路、市域（郊）铁路及城市轨道交通承载网一般仅设置一张承载网，称为传输网。

基于 SDH 的干线铁路传输网，负责为铁路各车站、基站、综合维修工区、信号中继站、电气化所亭、电力配电所等各类业务节点提供接入条件，并为通信系统各子系统（接入网、数据通信网、电话交换、调度通信、移动通信、应急通信、电源及设备房屋环境监控等）以及信号、牵引供电、电力、信息、灾害监测等系统的业务提供传输通道。

基于 OTN 的干线铁路传输网结构分为骨干层、汇聚层（局内干线）和接入层。骨干层传输网主要解决各铁路局集团公司至国铁集团、铁路局集团公司之间业务的传送、跨铁路局集团公司的业务调度等问题，并为铁路局集团公司组网提供迂回保护通道。汇聚层（局内干线）传输网主要解决局内骨干节点之间业务传送，实现业务从接入层到骨干节点汇聚。接入层传输网则提供丰富的业务接口，实现多种业务的接入，解决局内各种接入业务需求通道。

干线铁路数据通信网主要采用 TCP/IP 协议，支持 MPLS VPN、MPLS QoS、组播等技术，负责为综合视频监控、电源及设备房屋环境监控、录音仪、信号集中监测、电牵远动、电力远动、电力维护、会议电视、灾害监测、办公、旅客服务信息系统等系统业务提供 10M/100M/1000M 等灵活的接入手段。

城际铁路、市域（郊）铁路及城市轨道交通传输网主要采用 PTN 或

OTN 技术,负责为 LTE、PIS 等通信其他子系统提供信息传输通道,并为信号系统(SIG)、自动售检票系统(AFC)、计算机综合信息系统(OA)、综合监控系统(ISCS)等提供可靠的、冗余的、可扩展的、可重构的和灵活的信息传输通道。

为与 5G 无线系统相适应,承载网也应升级,目前与 5G 相匹配的承载网主要有 SPN、IPRAN 2.0、OSU 三种系统制式,基本均满足低时延、可切片等 5G 承载网需求。

3. 互联互通方案

干线铁路、城际铁路、市域(郊)铁路、城市轨道交通的承载网主要方案根据运营主体与业务需求确定,有跨线运行关系的线路承载网制式不同时,需明确互联互通方案设计。

一般情况下,有跨线运行关系的线路承载网需为通信本专业的专用电话系统、公务电话系统、无线通信系统、广播系统、时钟系统、视频监视系统等提供互联互通通道,并为其他专业(如信号、PIS、AFC、综合监控等业务)提供互联互通通道,根据以上业务的互联带宽需求设计承载网的互联互通方案。

目前需互联的各类业务的落地需求主要为 FE、GE、10GE 等三类通道,常用的 MSTP、PTN、OTN、SPN 设备之间完全可满足上述三类业务的互联互通需求,根据运营主体使用习惯不同,互联方案可采用两种方式:第一种为业务侧互联,各落地业务在互联时先落地再互联,如图 3-1 所示;第二种为线路侧互联,多为同制式设备,如图 3-2 所示。

OTN 设备仅为举例,实际采用 MSTP、PTN、SPN 等设备均可。防火墙可根据运营主体需求设置,也可不设。

**(二)有线调度通信系统**

1. 设计原则

(1)有跨线运行关系的线路宜采用相同制式或向下兼容的有线调度通信系统。

(2)有跨线运行关系的线路采用不同制式的有线调度通信系统时,在调度中心或车站宜统一设置调度台或值班台,统一调度界面,能够同时满足相关线路的调度通信业务功能,尽量避免设置多个调度终端。

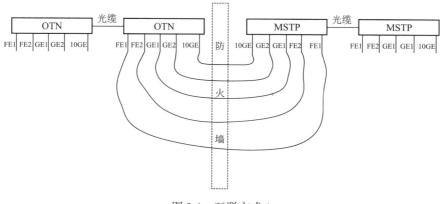

图 3-1　互联方式 1

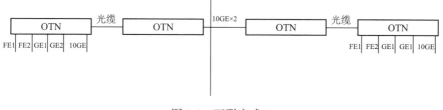

图 3-2　互联方式 2

（3）涉及跨线运行关系的线路,有线调度通信系统的互联互通应在中心系统侧实现。

（4）有线调度系统互通时,应考虑网络安全问题。

2. 调度通信制式及业务

（1）干线铁路有线调度通信系统

干线铁路有线调度通信系统有两种技术标准,即采用基于程控交换技术的数字调度通信系统和采用多媒体技术的多媒体调度通信系统,干线铁路有线调度通信和无线集群通信调度台、车站值班台合设,实现有线无线融合调度通信,并且采用线网方式运营,可实现多条线路共用调度中心平台,不同厂家设备之间的互联互通。

其中,数字调度通信 FAS 系统遵循《铁路有线调度通信系统　第 1

部分:技术条件》(TB/T 3160.1—2016)的规范要求,调度交换机与铁路GSM-R无线调度系统通过E1中继接口互联,采用DSS1信令实现调度台对调度固定用户和GSM-R无线用户的统一调度功能,有线无线一体化调度功能应符合《铁路数字移动通信系统(GSM-R)应用业务 调度通信》(TB/T 3379—2016)的相关规定。

多媒体调度通信系统中心设备之间信令控制采用SIP协议,与数字调度通信系统/GSM-R无线系统之间采用PRI接口、与5G-R专用移动通信系统之间采用MCX-3接口互联,实现多媒体调度通信系统与无线调度通信系统的统一调度功能。

(2)城际铁路、市域(郊)铁路有线调度通信系统

城际铁路、市域(郊)铁路涉及调度制式的选择与运营单位主体有较大关系,有线调度制式可采用干线铁路数字调度通信系统或城市轨道交通的程控专用电话系统、软交换专用电话系统等。

(3)城市轨道交通专用电话系统

城市轨道交通专用电话系统相当于铁路有线调度系统,采用的技术标准有程控交换技术、软交换技术、多媒体调度技术。城市轨道交通专用电话和无线集群系统不存在系统互联的接口,调度台、车站值班台分设,分别用于固定用户之间的调度通信和列车移动用户之间的调度通信。

程控交换技术采用E1中继接口、软交换技术采用SIP中继接口、多媒体技术采用SIP中继接口与外部系统互联。

3. 互联互通设计方案

有线调度通信系统的建设方案根据运营主体和调度业务需求确定。针对干线铁路、城际铁路、市域(郊)铁路、城市轨道交通等线路的跨线运行,主要包括以下四种场景:

(1)与干线铁路、城际铁路的有线调度系统互联互通

与FAS数字调度系统的互通,可采用PRI接口协议实现;

与多媒体调度通信技术制式,可采用SIP-3接口协议实现。

(2)与干线铁路、城际铁路的无线调度系统互联互通

与GSM-R系统的互通,可采用E接口实现;

与5G-R系统的互通,可采用MCX-3接口实现。

（3）与城市轨道交通专用电话系统互联互通

与软交换制式专用电话系统的互通,可采用 SIP 接口协议实现;

与程控交换制式专用电话系统的互通,可采用 E1 接口协议实现。

（4）与城市轨道交通无线集群系统的互联互通

城市轨道交通专用电话系统与无线集群系统分别建设,有线调度终端与无线固定台独立设置,不存在互联互通需求。

针对上述互联互通涉及的场景,均可采用基于 IMS 架构的多媒体调度通信系统来实现。多媒体调度通信系统作为铁路和城市轨道交通下一代调度通信技术,具备与上述各场景互通的标准接口,可以满足不同轨道交通线路交路或互跑的调度业务互通,有利于"四网融合"的建设。同时,可参考国铁集团的管理模式,将有线调度台与无线调度台进行合设,实现有线无线统一调度指挥,提升调度指挥效率。

**（三）视频监控系统**

1. 设计原则

（1）有跨线运行关系的线路视频监控系统是否互联互通根据运营单位实际需求确定。

（2）视频监控系统互联互通时,摄像机设置宜满足不同运营主体的监控需求,存储宜单一运营主体统一设置,也可不同运营主体分别设置存储,且两者存储时间相加满足相应规范标准要求。

（3）视频监控系统互联互通时应考虑网络安全。

2. 视频监控系统技术及业务

（1）干线铁路、城际铁路、市域（郊）铁路、城市轨道交通视频监控系统主要技术基本相同,主要有图像编码 H.264/H.265 技术、IP-SAN、云存储技术等。

（2）干线铁路视频监控系统负责为沿线设备机房内外、车站咽喉区、桥梁救援疏散通道、隧道口、隧道紧急出口、区间路基地段及路基桥梁结合部、接触网电分相/上网点/开关等重点区域提供实时监控,并为客服系统预留接入条件,具备前端采集设备、平台性能故障、告警弹窗、告警检索、故障统计等功能。

（3）城际铁路、市域（郊）铁路及城市轨道交通视频监控系统负责为车站控制室值班员及控制中心调度员监视站厅、站台情况,辅助列车调度员指挥行车,协助列车司机安全发车。

(4)各类轨道交通设置视频监控系统时,一般均在中心设置有防火墙或视频安全防护平台等。

**(四)设计方案**

(1)根据有跨线运行关系线路的视频采集点设置、监控目标的选择及互联互通要求,合理进行视频监控系统及网络安全设计。

(2)视频监控系统采用高清 IP 摄像机,采用 H. 265 编码协议,视频存储采用集中存储或分布式存储,在互联互通线路控制中心设置视频转发服务器实现互联互通线路的控制和统一调看。交互场景下的视频监控信息,可根据交互车站场景的实际情况,充分共享公共区域的视频监控信息,控制权限范围由产权各方共同协商确定。

(3)互联互通时可继续利用系统方案中设置的网络安全设备,但宜根据运营、管理需求优化安全策略。

# 第四章 列车跨线运行的"四网融合"无线通信设计案例

## 一、北京市郊铁路东北环线（南口站至光华路站段）

### 1. 项目概况

北京市郊铁路东北环线（南口至光华路段）工程（简称东北环线）位于北京市东北部，如图4-1所示，线路起自既有京包铁路南口站，经昌平站、沙河站、霍营站、望京站和北京朝阳站等车站，终至CBD光华路站，沿线途经昌平区、海淀区和朝阳区。线路全长59.01 km，其中桥梁长度3.32 km，隧道长度5.99 km，桥隧占比15.8%。光华路站至北京朝阳站段为新建双线，北京朝阳站至昌平站段为增建二线，昌平站至南口站段为

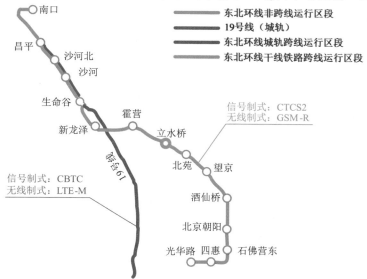

图4-1 东北环线线路示意图

注：东北环线自光华路至南口，由图中红色、绿色、紫色线路组成。

对既有铁路进行电气化改造。

东北环线共设车站 15 座,其中地上车站 12 座,地下车站 3 座。全线设线路所 4 处,车辆基地 1 处,停车场 1 处。

本线行车调度拟由北京局集团公司调度指挥,客票采用北京市地铁票制,自动售检票系统接入既有北京市郊铁路多线路中心(MLC)和既有清分中心(ACC)系统。

东北环线北京朝阳站至南口站区段为干线铁路跨线运行区段,干线铁路动车组、货运列车等列车利用此区段跨线运行。东北环线昌平站至生命谷站区间为城市轨道交通跨线运行区段,预留北京地铁 19 号线跨线运营的条件。

本线处于可行性研究阶段,以下基于当前的设计方案进行描述。

铁路主要技术标准详见表 4-1。

**表 4-1　铁路主要技术标准**

| 区段 | 光华路站—北京朝阳站 | 北京朝阳站—昌平站 | 昌平站—南口站 |
|---|---|---|---|
| 铁路等级 | 市郊铁路 | 国铁 I 级(市郊铁路) | 国铁 I 级(市郊铁路) |
| 正线数目 | 双线 | 双线 | 单线(预留复线) |
| 限制坡度 | 一般 25‰<br>困难 30‰ | 原则采用 6‰,在保证超限列车具备通行径路的前提下,局部困难段可采用 30‰ | 9‰ |
| 设计速度 | 100 km/h | 160 km/h(局部 120 km/h) | 120 km/h |
| 牵引种类 | 电力 | 电力 | 电力 |
| 机车类型 | 市域 D | 市域 D | 市域 D |
| 到发线有效长 | 315 m | 北京朝阳站 550 m;<br>望京站 650 m;<br>生命谷站至昌平站 360 m | 850 m |
| 最小曲线半径 | 一般 600 m,困难 500 m,特别困难段经比选后合理选用适宜的曲线半径 | 一般 2 000 m,困难 1 600 m,特别困难段经比选后合理选用适宜的曲线半径 | 一般 1 200 m;<br>困难 800 m |
| 闭塞方式 | 自动 | 自动 | 自动 |

2. 信号系统制式及运行要求

信号制式拟采用以 CTCS2+ATO 为核心的国铁信号系统。为满足本线的追踪间隔和折返能力的需求,更好实现市域(郊)列车公交化运行,ATO 系统须增加自动折返功能。

3. 通信系统方案

(1)无线通信

①基本方案

针对本线"充分保障市域(郊)列车公交化运营、保障铁路干线联络功能"的运营需求,本线当前专用移动通信系统需承载主要业务包括:无线调度通信;应急语音通信;无线车次号校核信息;调度命令信息;CIR 出入库检测;CTCS2+ATO 系统。

考虑到现阶段运营管理模式尚未确定,本项目考虑将 GSM-R 作为推荐方案。由于未来旅客服务存在平台公司管理的可能性,本项目拟采用租用公网 4G/5G 方案作为承载旅客服务业务的车地无线网络。待运营管理模式确定后,进一步研究 GSM-R 与车地无线双网络的必要性。

为满足 CTCS2+ATO 列控系统需求,GSM-R 数字移动通信系统在车站站台区域采用 GSM-R 网络冗余覆盖,区间采用单网覆盖方式,并充分利用、统筹规划与京张、京沈等其他线交叉、并线区段 GSM-R 系统设备。在隧道及地下站台区域使用光纤直放站+漏缆的方式进行覆盖;在地上区间及车站(除地下站台)区域使用光纤直放站+天线进行覆盖,地上区间天线采用架设铁塔方式安装。东北环线无线覆盖方案如图 4-2 所示。

②跨线运营解决方案

北京地铁 19 号线列车跨线运营存在两套移动通信系统间转换问题,主要分为车载和地面两部分。19 号线列车需配置 GSM-R 和 LTE 制式两套车载台设备。生命谷站 19 号线站台以及列车进出站一定距离布置 GSM-R 和 LTE 两套无线覆盖,覆盖范围需与信号"CTCS2+ATO"和 CBTC 系统分隔里程相互匹配。

(2)传输

遵循铁路传输网分层构架原则,本线传输网采用骨干(汇聚)层、接入层二层架构。各站设置 STM-64 各 1 套,组建 STM-64(1+1)传输系统;

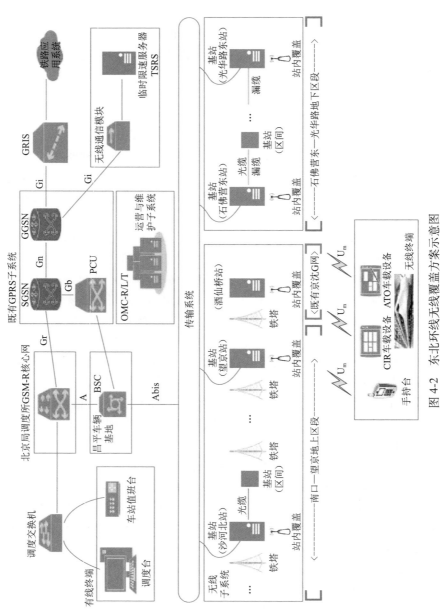

图 4-2　东北环线无线覆盖方案示意图

各站设置 STM-16 传输设备各一套,组建 STM-16(1+1)传输系统。

北京朝阳、昌平车辆基地、线路运管中心、列车指挥中心各设置 OTN 一套,同时由北京朝阳和昌平车辆基地两个节点接入北京地区既有局干 2 号环 OTN。

### 二、上海轨道交通市域线机场联络线

#### 1. 项目概况

上海轨道交通市域线机场联络线(简称上海机场联络线)自虹桥综合交通枢纽内预留的虹桥磁浮车场引出后,与沪杭高铁并行往南,在沪松公路北侧设七宝站;下穿既有金山铁路后折向东沿春申塘往东至黄浦江西岸,在景洪路东侧沿春申塘北岸设华泾站;线路下穿黄浦江后沿外环高速南侧东行,在浦星公路西侧设三林南站、康新公路东侧设张江站,唐黄路东侧设度假区站;而后线路往东沿迎宾高速折向南进入浦东机场,设浦东机场站和规划航站楼站;出机场后线路沿申嘉湖高速公路往西,下穿规划沪通二期铁路后折向北终到上海东站,如图 4-3 所示。

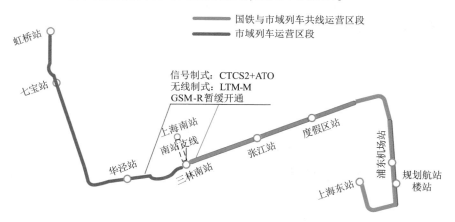

图 4-3 上海机场联络线线路示意图

注:初设批复无线制式为 LTE-M 和 GSM-R 相结合,LTE-M 为市域列车独立开行提供服务,GSM-R 为国铁列车提供服务。本线开通时,无国铁列车下线需求,GSM-R 暂缓实施(预留设备安装条件)。

上海机场联络线全长 68.627 km,全线设车站 9 座:虹桥站、七宝站、华泾站、三林南站、张江站、度假区站、浦东机场站、规划航站楼站、上海东站,其中地下站 6 座,地面站 3 座,平均站间距离为 8.58 km。三林南站至上海东站段为干线铁路与市域列车共线运营区段,预留干线铁路跨线条件(干线铁路跨线列车 8 辆编组停靠度假区站、浦东机场站、上海东站,16 辆编组仅停靠上海东站)。

上海机场联络线设下盐路车辆基地 1 处,并与嘉闵线共用申昆路停车场;为保证虹桥站至浦东机场站开通运营,设虹桥临时车辆检修基地。

两座 110 kV 主变为机场联络线服务,分别为三林南主变和下盐路主变;在天山西路与申昆路交叉口设置市域(郊)铁路线网的调度中心/运营中心/培训中心大楼(简称"三中心");全线设中间风井 8 处。

全线桥梁段长 4.4 km,地下段长 60.54 km,路基段长 3.7 km。

2. 信号系统制式及运行要求

机场联络线采用"CTCS2+ATO"方案,整个上海市域(郊)铁路路网采用贯通跨线混跑的模式,并预留长三角地区市域铁路列车进入上海市域(郊)铁路路网的条件。

3. 通信系统方案

(1)无线通信

①基本方案

根据工业和信息化部《关于重新发布 1 785~1 805 MHz 频段无线接入系统频率使用事宜的通知》(工信部无〔2015〕65 号),结合市域(郊)铁路运营对调度通信功能在高速运行场景下可靠性及网络服务质量的需求,本项目前期通过对 800 MHz Tetra、900 MHz GSM-R、1.8 GHz LTE、铁路 5G 专用移动通信(5G-R)系统以及 WLAN 等多种制式进行比选,机场联络线采用基于 TD-LTE 的 LTE-M 数据传输+集群语音通信的专网宽带集群系统(B-TrunC)标准作为上海市域(郊)铁路专用移动通信系统承载信号 CTCS2+ATO 系统相关行车调度无线传输功能。

由于机场联络线信号列控系统采用"CTCS2+ATO"方案,LTE-M 移动通信系统在车站区域采用冗余覆盖。为了进一步确保网络的可靠性,全线在区间每一个点位部署双套 RRU 设备,通过小区合并的方式实现设备级冗余,两套 RRU 并行工作,任意一套 RRU 设备故障后可保障信号业务不中断。

②干线铁路的车跨线运行到市域(郊)铁路解决方案

根据机场联络线初步设计及批复意见,为满足本线干线铁路列车和市域(郊)列车同时开行,并实现独立运营维护的需求,上海机场联络线移动通信系统采用 GSM-R 系统与 LTE 系统相结合的方式满足通话功能、数据功能、辅助业务功能及网络管理功能。其中,LTE 为市域列车独立开行提供服务,GSM-R 为干线铁路列车提供服务。GSM-R 系统应满足行业及国铁集团的相关标准。LTE 无线通信系统在保证列车运行控制、列车调度通信、调度命令传输等集群业务的基础上,还应承载市域列车车地无线通信大数据业务需求。

为满足干线铁路跨线需求,上海市域(郊)铁路规划建设上海南站—三林南站联络线(简称南站支线),根据目前工程项目进展情况,南站支线难以与上海机场联络线正线同步建成,因此在机场联络线开通时,无干线铁路列车跨线需求,考虑到干线铁路无线通信系统处在更迭时期,为干线铁路列车开行设置的 GSM-R 系统设备安装工程暂缓实施(预留设备安装条件),本阶段仅实施 LTE 车地无线通信综合承载系统。

③综合承载业务带宽需求

为满足上海市域(郊)铁路综合承载需求,LTE-M 专用移动通信系统需实现包括调度命令和无线车次号校核信息传送业务、ATO 信息传送业务、集群调度业务、列车紧急文本下发业务、IMS 视频监控业务、车载乘客信息业务、列车自动报站信息业务、列控系统车载监测(DMS)业务、动车组司机操控信息分析(EOAS)业务、车辆专家诊断(PHM)系统信息传送业务等功能。其中,调度命令和无线车次号校核信息传送业务、ATO 信息传送业务、集群语音调度业务属于行车安全类相关业务,其他业务属于非行车安全类相关业务。

根据 BBU+RRU 设备性能和系统组网,要满足边缘速率 9 Mbit/s 的需求,市域(郊)铁路综合承载需要至少 15 MHz 频率带宽。市域(郊)铁路移动通信系统需要承载的应用业务以及各自的带宽需求、业务属性、应用优先级,需求见表4-2。

**表 4-2　车地无线通信系统承载业务带宽需求**

| 序号 | 应用类别 | 应用属性 | 业务类型 | 上行速率 | 下行速率 | 应用优先级 | QCI特性 |
|---|---|---|---|---|---|---|---|
| 1 | 行车安全业务 | 调度命令和无线车次号校核信息传送 | 数据 | 6 kbit/s | 4 kbit/s | 2 | 1 |
| 2 | | 列车自动驾驶(ATO)信息传送 | 数据 | 40 kbit/s | 40 kbit/s | 2 | 1 |
| 3 | | 集群调度 | 语音 | 320 kbit/s | 320 kbit/s | 2 | 1 |
| 4 | 生产服务业务 | 列车紧急文本下发(PIS系统) | 数据 | — | 40 kbit/s | 4 | 2 |
| 5 | | 车载PIS视频(车载实时节目播放) | 图像 | — | 4 Mbit/s | 6 | 6 |
| 6 | | 车载IMS视频监控 | 图像 | 4 Mbit/s | 4 Mbit/s | 6 | 6 |
| 7 | | 列车自动报站 | 数据 | — | 64 kbit/s | 4 | 2 |
| 8 | 运营维护业务 | 列控设备动态监测系统(DMS)信息传送 | 数据 | 64 kbit/s | 4 kbit/s | 4 | 2 |
| 9 | | 司机操控信息分析系统(EOAS)信息传送 | 数据 | 64 kbit/s | 4 kbit/s | 4 | 2 |
| 10 | | | 图像 | 1 Mbit/s | 4 kbit/s | 7 | — |
| 11 | | 车辆故障预测与健康管理(PHM)系统信息传送 | 数据 | 256 kbit/s | 8 kbit/s | 4 | 2 |
| 12 | | | 图像 | 2 Mbit/s | 4 kbit/s | 7 | — |
| 业务吞吐量合计 | | | | 9 Mbit/s | 6 Mbit/s | — | |

④ 与机场频率复用方案

由于1.8 GHz(1 785~1 805 MHz,20 MHz)非轨道交通、铁路行业专用频段,而机场联络线若采用20 MHz带宽的组网方式,铁路沿线存在与其他行业1.8 GHz网络重叠覆盖及频率干扰的情况,其重叠覆盖具体情况及拟处理方式见表4-3。

机场联络线与虹桥、浦东枢纽两个机场区域拟采用RAN sharing的技术方案复用1 785~1 800 MHz(15 MHz)频段,提高频率利用率、降低网内干扰。5 MHz(1 800~1 805 MHz)频段独立承载行车安全告警类业务,15 MHz(机场区域共享1 785~1 800 MHz)频段承载多媒体宽带及运维业务。

表 4-3 重叠覆盖场景设计方案

| 线别 | 重叠覆盖站名 | 重叠覆盖场景 | 使用频段 | 处理方式 |
|---|---|---|---|---|
| 机场联络线 | 虹桥站（地面） | 与地铁2号线通道换乘（地下） | 1 800~1 805 MHz（5 MHz） | 无重叠覆盖 |
| | | 与虹桥机场"中货航""航站楼"站点相邻 | 1 785~1 800 MHz（15 MHz） | 与机场采用频率共享 |
| | | 与青浦公安（进博会）站点相邻 | 1 785~1 805 MHz（20 MHz） | 通过网络优化调整覆盖范围 |
| | T3航站楼站（地下） | 与21号线、2号线延长线同站厅换乘、与机场值机大厅衔接 | 1 785~1 805 MHz（20 MHz） | 拟与机场、地铁三家频率共享 |
| | | 与2号线延长线轨道并行 | 1 795~1 805 MHz（10 MHz） | 防火墙物理隔离 |
| | 上海东站（地面） | 与21号线（地下）站外换乘 | 1 795~1 805 MHz（10 MHz） | 无重叠覆盖区 |
| | | 与浦东机场"东航物流站"站点相邻 | 1 785~1 800 MHz（15 MHz） | 与机场采用频率共享 |

此方案机场联络线新设的一套 LTE 核心网设备，与既有机场核心网（虹桥机场、浦东机场各一套）相对独立。为最大效率地利用 15 MHz 频率资源，满足各自的业务场景需求，在可能产生干扰的区域可采用接入网共享的方式共用频率资源，每套 eNodeB 通过 S1-T 接口分别接入两套核心网系统。通过基站区分用户类型（PLMN），不同的用户归属不同核心网管理。网络互连如图 4-4 所示。

重叠覆盖区域：市域（郊）铁路独用的基站使用 5 MHz 频段（设置为 PLMN1），共享基站使用 15 MHz 频段（设置为 PLMN2+ PLMN3）；重叠覆盖区域基站使用 Ran sharing 特性同时接入市域（郊）铁路核心网和机场核心网。其中：

a. 集群车载台和信号车载 TAU 设置接入独立设置 5 MHz PLMN1；

b. 其他数据业务的车载 TAU 设置接入共享设置 15 MHz PLMN2；

c. 机场终端设置接入共享设置 15 MHz PLMN3。

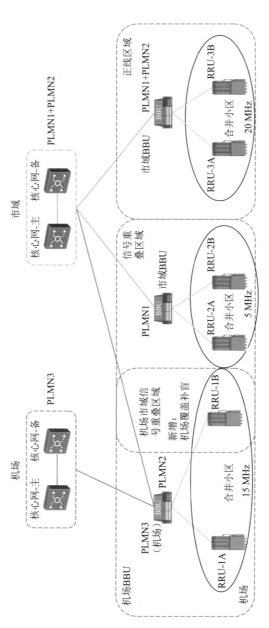

图 4-4　网络互连方案

非重叠覆盖区域:

a. 市域(郊)铁路基站设置 20 MHz(设置为 PLMN1+PLMN2);

b. RRU-3A 与 RRU-3B 进行合并,两者互为备份关系;

c. 信号 TAU、集群车载台和综合承载 TAU 通过不同的 PLMN 进行区分,非关键业务通过 PLMN1 接入,信号业务通过 PLMN2 接入。

通过业务可靠性调度算法,确保重要业务的可靠性(在设计联络阶段供应商应提供详细的可靠性调度算法说明)。当机场或市域(郊)铁路出现应急状况后,在覆盖重叠区的共享基站处,仅保证两家优先级较高的业务,优先级较低的业务在应急状况下可能出现网络延时。

(2)传输系统

传输采用 OTN 方案,TDM 业务采用 SNCP 保护方式,传输系统在调度中心(1 处)、车站(9 处)、下盐路车辆段(含综合维修基地)(两处)、申昆路停车场(1 处)、临时车辆段(1 处)共 14 个节点设置系统带宽不小于 100 Gbit/s 传输节点设备,利用隧道两侧敷设的光纤,组成一个自愈保护环。同时,为满足信号系统业务需求,传输系统以调度中心为切点(调度中心仅设置 1 套 10 Gbit/s OTN 传输节点设备),设置两个 10 Gbit/s 自愈保护环。10 Gbit/s OTN 环一在调度中心(1)、虹桥站(1)、申昆路停车场(1)共 3 个节点设置 10 Gbit/s OTN 传输节点设备,利用隧道两侧敷设的光纤,组成一个自愈保护环;10 Gbit/s OTN 环二在调度中心(0,设备在环一已考虑)、车站(8)、下盐路车辆段(含综合维修基地)(2)、临时车辆段(1)共 11 个节点设置 10 Gbit/s OTN 传输节点设备,利用隧道两侧敷设的光纤,组成一个自愈保护环。

### 三、深惠城际大鹏支线

1. 项目概况

(1)线路概况

深惠城际大鹏支线(简称大鹏支线)起于龙岗区龙城站,终于大鹏新区新大站,途经龙岗区、坪山区、大鹏新区,如图 4-5 所示。线路全长 39.389 km,正线为地下敷设,设新大存车场 1 座,设 6 座车站。大鹏支线是大湾区城际铁路的重要组成部分。本线与塘龙城际、深惠城际在龙城站接轨,与深大城际在坪山站接轨。

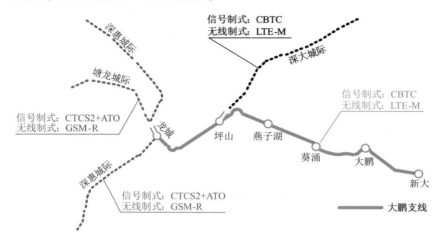

图 4-5　大鹏支线线路示意图

注:大鹏支线配属的固定列车担当大鹏支线与塘龙城际的跨线运行交路;

深惠城际配属的列车担当深惠城际与大鹏支线的跨线运行交路;

大鹏支线在坪山站与深大城际跨线运营。大鹏支线跨线列车配置 LTE-M+GSM-R 双套车载设备。

　　塘龙城际从东莞南(含)至龙城(不含),线路全长 31.35 km,包含引入东莞南站等相关工程。

　　深惠城际前海保税区至坪地段位于深圳、东莞市境内,线路自深圳市前保站(含)引出,经东莞凤岗镇,终至深圳市坪地站(含),新建正线 58.9 km,全线为地下线和地下车站,设车站 11 座。

　　深大城际是一条贯穿深圳东西部,乃至惠州南部的一条城际铁路,东起深圳宝安机场,终至惠州大亚湾,全线 14 站,设计时速为 160 km。

　　大鹏支线、深大城际、深惠城际均已于 2022 年开工建设,三线计划通车时间为 2025 年 12 月,目前在用户需求书编制阶段。塘龙城际目前为预可研阶段。

　　(2)跨线交路

　　大鹏支线配属的固定列车担当大鹏支线与塘龙城际的跨线运行交路。

深惠城际配属的列车担当深惠城际与大鹏支线的跨线运行交路。

大鹏支线在坪山站与深大城际跨线运营。

（3）运营管理体制

大鹏支线由深圳地铁集团成立城际铁路公司，负责项目建设和经营管理。运营暂考虑由城际铁路公司运营，大鹏支线采用调度集中方式，纳入深圳城际铁路调度中心管理。

2. 信号系统制式及运行要求

大鹏支线、深大城际均采用基于无线通信技术的 CBTC 系统；塘龙城际及深惠城际列采用 CTCS2+ATO 列控制式。

3. 通信系统方案

（1）无线通信系统

大鹏支线无线通信采用 LTE-M 系统进行组网，并综合承载语音集群和 CBTC 等业务。A 网同时承载语音集群业务、信号 CBTC 业务、列车运行状态监测等综合业务，B 网独立承载 CBTC 业务。本线跨线列车配置 LTE-M+GSM-R 双套车载设备，具备跨线运营能力。

塘龙城际无线通信采用 GSM-R 系统进行组网。大鹏支线跨线列车配置 LTE-M＋GSM-R 双套车载设备，且在塘龙城际采用 GSM-R 系统通信。

深大城际采用与大鹏支线一致的 LTE-M 无线通信系统。

深惠城际无线通信采用 GSM-R 系统进行组网，深惠城际列车均配置 LTE-M+GSM-R 双套车载设备，具备跨线运营能力。GSM-R 网络接入到广州局集团公司既有核心网。

（2）跨线运营解决方案

根据机车交路，不同通信制式的列车需提前注册到前方线路通信网络，且注册区需设置地面双套设备进行信号覆盖。

为节约投资，深圳地铁集团采用固定列车配置双套车载设备跨线运营。

### 四、如通苏湖城际铁路苏州北至吴江段

1. 项目概况

如通苏湖城际铁路苏州北至吴江段（简称如通苏湖城际铁路）新建

正线长度 52.332 km,桥梁长 38.587 km,隧道长 10.950 km,桥隧总长 49.537 km,占线路长度的 94.66%,如图 4-6 所示。全线设苏州北、苏州园区、桑田岛、吴中及吴江 5 座车站,设苏州北动车所 1 座。

图 4-6　如通苏湖城际铁路线路示意图

注:初设推荐 GSM-R 作为国铁列车跨线运营移动通信方案,其中与京沪普铁及沪宁城际并线区段利用既有国铁基站实现 GSM-R 覆盖,其他区段通过新建基站实现 GSM-R 网络补充覆盖。

　　如通苏湖设计时速为 200 km,其中苏州北至吴中段时速 160 km,运输调度指挥系统采用 CTC 系统,同时本工程聚金线路所至桑田岛站区间为干线铁路跨线区段,通甬高铁及沪宁城际利用本工程正线跨线运营。

　　运营管理模式上,存在枢纽内局部区段与通甬高铁(聚金线路所—广贤线路所(桑田岛)区段)共线运营的情况,考虑城际铁路由省方出资建设并运营管理,在国铁资质认可、技术标准互认的前提下,干线铁路与城际铁路在车站办理场间交接,实现干线铁路客车的跨线运营。本次设计暂按如通苏湖城际铁路自管自营,而共线运营区段暂按城际铁路运营管理,干线铁路列车跨线运营考虑。

2. 信号系统制式及运行要求

如通苏湖城际和既有干线铁路列车均采用"CTCS2+ATO"列控系统制式。

3. 通信系统方案

（1）调度通信系统

①系统组成

采用多媒体通信交换系统构建本工程调度通信系统，在调度中心设置多媒体调度中心云平台、TDM网关、安全设备、网管、多媒体调度台等。本工程多媒体调度通信系统利用数据网承载。

多媒体调度中心云平台与LTE核心网交换机通过2×FE接口互联，实现有线调度通信与无线通信系统互联；另外多媒体调度中心云平台分别通过2×E1接口与上海局集团公司调度所调度交换机互联，实现干线铁路跨线段语音通信功能。

②终端设置

本工程在调度大厅设置列车调度、计划调度、客运调度、牵引供电调度、应急指挥调度等调度台，实现调度中心对苏州地区初期规划各城际铁路的调度通信需求。其中列调台按两个工位（主调、助调）配置两个触摸屏操作台，其他调度台按每个工位1台配置1个触摸屏操作台。

（2）无线通信系统

①移动通信系统方案

如通苏湖设计时速为200 km，其中苏州北至吴中段160 km，运输调度指挥系统采用CTCS2+ATO系统，同时本工程聚金线路所至桑田岛站区间为干线铁路跨线段落，通甬高铁及沪宁城际利用本工程正线跨线运营，同时本工程与苏淀沪城际贯通运营。

如通苏湖目前处于初步设计阶段，出于城际铁路自管自营需求考虑，正线全线采用LTE+MC方案，同时为了保证网络的可靠性，在全线车站实现冗余覆盖的同时在区间点位都设置双套RRU设备实现设备级冗余，单站点两套RRU的冗余方式采用小区合并实现，保证在任意一个RRU产生故障时信号业务不中断。本工程拟申请15 MHz带宽，使用频率以地方无线电管理委员会最终批准为准。LTE承载本工程全线城际列车的列控、调度和集群语音等业务。

②跨线运营解决方案

方案一：

信号采用 CTCS2+ATO、GSM-R+LTE 双覆盖。

由于本工程与干线铁路有跨线需求，与京沪普速和沪宁城际并线部分利用既有干线铁路的基站实现 GSM-R 网络覆盖，其他区段通过新建基站实现对 GSM-R 网络的补充覆盖。

本工程不新设 GSM-R 移动通信核心网设备，利用既有上海局集团公司 GSM-R 核心网设备，并根据如通苏湖城际铁路的需求进行适当扩容。同时全线新设 GSM-R 数字移动通信基站子系统（BSS），新设基站根据线路情况分别接入沪宁城际既有的 BSC/PCU/TRAU 设备或通甬高铁拟建的 BSC/PCU/TRAU 设备，实现对本工程基站的接入管理。本工程按单网覆盖方案设计，完成调度通信、列控信息、调度命令信息及无线车次号校核信息传送等功能。

方案二：

信号采用 CTCS2+ATO、DRTD+LTE 双覆盖。

本方案采用数字无线列调方案，在苏州北新建调度中心设置固定台控制设备、数字列调接口服务器及配套调度操作台等设备。在苏州园区站和桑田岛站设置车站操作台设备，区间采用基地台+光纤直放站方式进行组网，另外本方案需要在跨线运行的列车上安装 DRTD 车载信道机实现功能。

方案比选：

GSM-R 方案无需对跨线运行列车进行改造，可直接满足干线铁路列车跨线运行需求。DRTD 方案需要在跨线运行列车上安装 DRTD 车载信道机。

GSM-R 方案无需自建核心网设备，通过新建基站全部接入干线铁路既有 BSC 设备，DRTD 方案需要在城际调度中心新建全套 DRTD 核心网设备。

GSM-R 方案列车在跨线运行时无需切换制式，能够满足干线铁路列车跨线时无线通信系统的无缝衔接。而 DRTD 方案需要在跨线运行时进行切换，存在一定的风险。

综上所述,暂推荐 GSM-R 方案作为干线铁路车跨线部分的移动通信方案。

（3）需要说明的问题

目前如通苏湖城际铁路正处于初步设计阶段,由于信号专业新建城际铁路 CTC 中心,因此,本项目需要新设 CTC 互联的接口服务器（GRIS）,考虑到跨线运营,干线铁路 CTC 中心与城际 CTC 中心的互联互通问题仍在研究中。

根据前期沟通情况,基于本线对于自管自营需求考虑将调度权分开,本工程国铁列车跨线运行区段调度指挥考虑由地方负责,在下个阶段针对地方统一调度指挥的可行性进一步对接沟通和论证。

另外由于本项目与苏淀沪城际贯通,需要考虑制式一致。后期项目推进过程中需要就以上三点问题进一步论证方案可行性。

经上述案例分析,市域（郊）铁路互联互通设计的难点在于有干线铁路列车的跨线运行需求的解决方案。

考虑到干线铁路列车跨线在独立运营的市域（郊）运行需要服从市域（郊）的调度指挥,地面建设 GSM-R 网络的管理、维护和网络安全方面都存在较大的协调问题。建议干线铁路列车跨线运行在独立运营的市域（郊）铁路时,建设 LTE 网络覆盖市域（郊）铁路沿线,跨线列车采用 GSM-R+LTE 双模车载台（如未来干线铁路通信制式为 5G-R,此处应为 5G-R+LTE 双模车载台）,采用车载无线通信设备适配地面无线通信系统的方式满足干线铁路跨线列车的通信需求,特殊情况下可采用基于地面无线通信系统适配车载无线通信设备的方式实现互联互通。

# 附录 A 市域(郊)铁路现行标准

现行市域(郊)铁路通信专业相关标准仅有建设标准,包含勘察标准、设计标准和验收标准。通信专业相关市域(郊)铁路按照标准分级可以分为行业标准、团体(学会)标准、地方标准、企业标准等。具体情况见表 A.1。

表 A.1 市域(郊)铁路现行通信专业相关标准

| 序号 | 文件名称 | 标准编号 | 发布主体 | 标准类型 |
|---|---|---|---|---|
| | 勘察标准 | | | |
| 1 | 市域铁路工程测量规范 | T/CRS C0301—2021 | 中国铁道学会 | 团体标准 |
| | 适用于新建设计速度 160 km/h 及以下的市域铁路工程测量。采用了"三网合一"的测量理念,构建了系统完整的市域铁路工程测量技术体系。主要包括平面控制测量、高程控制测量、地形测绘、专项调查与测绘、线路和站场测量、隧道测量、桥涵测量、轨道施工测量、构筑物变形监测、第三方测量和第三方监测、工程竣工测量和运营及养护维修测量等。该标准与通信专业相关性不大 | | | |
| | 设计标准 | | | |
| 2 | 市域(郊)铁路设计规范 | TB 10624—2020 | 国家铁路局 | 行业标准 |
| | 信号制式:独立运行的市域(郊)铁路可采用 CTCS 制式或 ATC 制式,与干线铁路、城际铁路跨线运行的应采用 CTCS 制式;无线通信制式:可采用 LTE 或其他移动通信制式;通信专业章节主要包括一般规定、传输系统、数据通信网、移动通信系统、电话交换系统、有线调度通信系统、视频监控系统、时钟同步和时间同步系统、电源设备、通信线路和接口设计 | | | |
| 3 | 市域快速轨道交通设计标准 | CJJ/T 314—2022 | 住房和城乡建设部 | 行业标准 |
| | 信号制式:ATC 制式;无线通信制式:满足 120~160 km/h 速度下可靠、稳定的车地间信息传输要求,并应与政务网互联互通;通信专业章节内容主要包括专用通信、民用通信、公安通信、调度通信、广播、无线通信系统等 | | | |

续上表

| 序号 | 文件名称 | 标准编号 | 发布主体 | 标准类型 |
|---|---|---|---|---|
| 4 | 市域快速轨道交通设计规范 | DB33/T 1160—2018 | 浙江省住房和城乡建设厅 | 地方标准 |
| | 信号制式：CTCS2+ATO 系统，否则采用 CBTC 系统或 iATC 系统；无线通信制式：宜采用数字集群移动通信系统，也可结合其他无线系统制式，采用综合承载方式；通信专业章节主要包括传输系统、无线通信、公务电话、视频监视、乘客信息、广播、时钟、办公自动化、集中告警、公安通信、民用通信引入、安全技术防范、通信电源及接地和通信线路 | | | |
| 5 | 城轨快线设计标准 | DBJ50/T 354—2020 | 重庆市住房和建设委员会 | 地方标准 |
| | 信号制式：倾向于采用城市轨道交通信号系统制式，但是明确了与 CTCS-0/2 级线路接轨的线路，信号系统应兼容 CTCS-0 制式功能，满足跨 CTCS-0/2 级线路运行需求；无线通信制式：宜采用 LET 宽带移动通信技术；通信专业章节主要包括传输、公务电话、接入网、有线调度、视频会议、综合视频监控、时钟同步、时间同步、通信电源、无线通信、办公信息、综合布线、公安通信、隧道应急电话、通信线路、通信机房和接口设计 | | | |
| 6 | 市域（郊）轨道交通设计规范 | DB11/T 1980—2022 | 北京市规划和自然资源委员会、北京市市场监督管理局 | 地方标准 |
| | 信号制式：独立运行的市域（郊）铁路信号系统可采用 CTCS 制式或 ATC 制式，与国家铁路线网有跨线运营需求的市域（郊）铁路信号系统采用 CTCS 制式；无线通信制式：新建且独立运营的线路采用 GSM-R 或 LTE-M 或其他制式；与国铁跨线运营或既有铁路改扩建、部分或全部利用既有铁路的以采用 GSM-R 或其他制式；通信专业章节主要包括一般规定、传输系统与通信线路、无线通信、公务电话、专用电话、视频监视、时钟、旅客服务、电源系统及接地、电源及环境监控、综合网管、公安通信、通信用房和接口设计 | | | |
| 7 | 市域铁路设计规范 | T/CRSC 0101—2017 | 中国铁道学会 | 团体标准 |
| | 信号制式：可采用 CTCS 制式或 ATC 制式；无线通信制式：可采用单独系统综合承载多业务或采用多系统分别承载业务方式；通信专业章节主要内容包括一般规定、传输系统及通信线路、数据通信网、专用移动通信、公务电话、专用电话、视频监控、集中告警、公安通信、通信电源、通信设备用房和接口设计 | | | |

| 序号 | 文件名称 | 标准编号 | 发布主体 | 标准类型 |
|---|---|---|---|---|
| 8 | 市域快速轨道交通设计规范 | T/CCES 2—2017 | 中国土木工程学会 | 团体标准 |
| | 主要内容:信号制式:CTCS 制式、CBTC 制式或 iATC 制式,该规范未考虑兼容 CTCS 和 ATC 两种制式的信号系统;无线通信制式:采用数字集群,也可结合其他无线系统制式采用综合承载;通信专业章节主要内容包括一般规定、传输、无线通信、公务电话、专用电话、视频监视、乘客信息、广播、时钟、办公自动化、集中告警、公安通信、民用通信引入、安全技术防范、通信电源及接地和通信线路 | | | |
| 9 | 上海市域铁路设计规范 | T/SHJX 002—2018 | 上海市交通运输行业协会 | 团体标准 |
| | 信号制式:CTCS2+ATO 系统;无线通信制式:宜采用 GSM-R 系统;通信专业章节主要内容包括一般规定、传输、公务电话、有线调度、移动通信、会议电视、综合视频监控、时钟同步及时间同步、电源设备、电源及设备环境监控、综合布线、民用通信引入、运行环境和接口设计 | | | |
| 10 | 市域快轨交通技术规范 | T/CAMET 01001—2019 | 中国城市轨道交通协会 | 团体标准 |
| | 信号制式:倾向采用 CBTC 系统,但在满足线路最小间隔要求、互联互通需求的前提下,可采用其他系统;无线通信制式:宜采用 LTE-M 实现综合承载,频率条件不具备时也可采用 TETRA 系统;通信专业章节主要内容包括一般规定、传输系统及通信线路、无线通信、公务电话、专用电话、视频监视、乘客信息、广播、办公自动化、时钟、集中告警、公安通信和其他 | | | |
| 11 | 天津市域(郊)铁路设计规范 | Q/TRT-BZ 001—2023 | 天津轨道交通集团有限公司 | 企业标准 |
| | 信号制式:ATC 系统;无线通信制式:宜优先选择宽带移动通信系统制式实现车地间无线业务的综合承载;通信专业章节主要内容包括一般规定、传输、无线通信、公务电话、调度电话、视频监控、乘客信息、广播、同步、安防集成平台、通信综合网管、公安通信、民用通信、通信电源、通信线路、通信设备运行环境、门禁、入侵报警 | | | |
| 验收标准 | | | | |
| 12 | 市域(郊)铁路工程质量验收规范 第 5 部分:通信与信号工程 | DB33/T 2363.5—2021 | 浙江省市场监督管理局 | 地方标准 |
| | 该规范包括基本要求、通用部分、单位工程综合质量验收等,通信专业章节主要包括传输、无线通信、电话交换、专用有线调度通信、视频监视、广播、时间同步、办公自动化、综合显示、集中录音、通信集中告警、电源系统及接地、民用通信引入、公安通信 | | | |

| 序号 | 文件名称 | 标准编号 | 发布主体 | 标准类型 |
|---|---|---|---|---|
| 13 | 城轨快线施工质量验收标准 | DB 150T 398—2021 | 重庆市住房和城乡建设委员会 | 地方标准 |
| | 该标准为综合性通用地方性验收标准,通信专业章节包括一般规定、光电缆线路、设备安装、设备配线、接地装置、传输系统性能检测及功能检验、电源及接地系统性能检测及功能检验、公务电话系统性能检测及功能检验、专用电话系统性能检测及功能检验、视频监视系统性能检测及功能检验、广播系统性能检测及功能检验、时钟系统性能检测及功能检验、乘客信息系统性能检测及功能检验、办公自动化系统性能检测及功能检验、集中告警系统性能检测及功能检验相关验收标准 | | | |

# 附录 B　不同轨道交通相衔接的
通信系统设计案例

## 一、南京至句容城际轨道交通工程

### 1. 项目概况

南京至句容城际轨道交通工程（简称宁句线）起于南京东部综合换乘枢纽马群站，终于句容高铁站。线路全长 43.642 km，其中高架与地面过渡段长约 26.866 km，地下段长约 16.776 km。全线共设车站 13 座，其中地下站 7 座、高架站 6 座，平均站间距为 3.578 km。宁句线车辆采用市域 B 型车，初期采用 4 辆编组，远期采用 6 辆编组，地下段最高运行速度 100 km/h，高架段/地面段最高运行速度 120 km/h。牵引供电制式采用 DC 1 500 V 架空接触网方式。宁句线线路走向如图 B.1 所示。

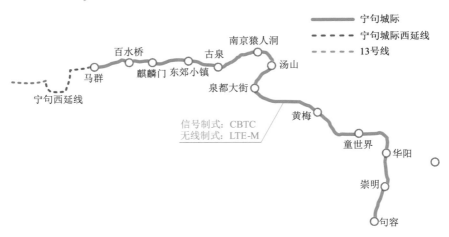

图 B.1　宁句线线路示意图

在南京地铁远期规划中,宁句线西延工程自马群站,经中山门大街、柳营西路、友谊路、后标营路延伸至南京农业大学站,西延线全长7.3 km,全部是地下线,设车站4座,全部为地下站。

13号线一期西起沿山大道站,东至金箔路站。全线42.8 km,均为地下线,设车站33座,均为地下站。13号线串联了沿线的众多线路,与全网13条线路形成换乘,对促进沿线周边地区的快速发展发挥着重要作用。本线在石佛寺设石佛停车场,在土山机场东侧设土山车辆段。

宁句线已于2021年开通运营,宁局线西延工程和地铁13号线正在规划中。在宁句线西延工程南京农业大学站与13号线实现双线贯通运营,宁句线和13号线采用统一运营的管理模式。

2. 信号系统制式及运行要求

宁句线信号系统正线采用基于通信技术的移动闭塞制式的信号系统(CBTC),通过ATP/ATO子系统轨旁及车载设备、CI子系统设备以及车站和控制中心的ATS子系统设备完成列车运行的自动控制。

为满足贯通运营的要求,可将13号线作为宁句城际的延伸线考虑,13号线与宁句城际信号制式相同。宁句城际、13号线共用同一控制中心。控制中心ATS同时控制宁句城际和13号线,在13号线实施时对宁句城际控制中心信号系统扩容改造。

3. 通信系统方案

(1)无线通信系统

①基本方案

宁句线车地无线通信系统采用基于TD-LTE技术的宽带移动通信系统,系统需基于3GPP技术标准(Rel-9及以上),使用1 785~1 805 MHz带宽频率共20 MHz带宽频率,用于CBTC列车运行控制业务、列车紧急文本下发业务、TCMS业务、车载视频监控业务、PIS视频业务、集群调度业务等综合业务承载,系统采用A/B双网冗余设计,其中A网仅承载CBTC列车运行控制业务,配置5 MHz带宽频率;B网进行CBTC列车运行控制业务、列车紧急文本下发业务、TCMS业务、车载视频监控业务、PIS视频业务、集群调度业务等业务的综合承载,配置15 MHz带宽频率。

由于宁句线为南京地铁首条按照 CBTC 列车运行控制业务、列车紧急文本下发业务、TCMS 业务、车载视频监控业务、PIS 视频业务、集群调度业务综合承载开通的线路,LTE 集群语音业务的调试开通经验不足,为了保障工程进度,宁句线专用无线通信系统采用 800 MHz TETRA 集群技术体制,作为 LTE 集群语音业务的后备系统。本工程专用无线系统由无线集群交换机、网管设备、基站及便携电台构成。本工程专用无线通信系统的场强覆盖在车辆段设置无线铁塔,利用全向天线采用独立的天馈覆盖方式;其他区域将与 LTE 车地无线通信系统共用漏缆及天馈。

②跨线运营方案

在规划中,宁句线与南京地铁 13 号线贯通运营,根据目前南京灵山控制中心的用房条件和运营部门贯通运营统一调度的要求以及信号系统贯通运营方案,南京地铁 13 号线扩容宁句线控制中心设备,以满足 13 号线 LTE 车地无线通信系统接入;同时在南京地铁 13 号线车站新设 A、B 网基站 BBU 设备和 RRU 设备等;同时包括了 LTE 集群语音调度系统的固定电台、调度台、手持电台设备,组建成一张统一管理的 LTE 车地无线通信网络。经过宁句城际工程验证,LTE 集群语音业务的调试开通可以满足整体工程进度的要求,故南京地铁 13 号线工程和宁句城际西延线工程不再新设基于 800 MHz TETRA 集群技术体制的专用无线通信系统。

③车地大带宽解决方案

a. LTE 车地无线通信系统

宁句线 LTE 车地无线通信系统各业务带宽(95% 概率下的 CIR 速率)见表 B.1。

**表 B.1　宁句线 LTE 系统承载业务带宽需求**

| 业务类型 | A 网 | | B 网 | | 备　注 |
|---|---|---|---|---|---|
| | 上行 | 下行 | 上行 | 下行 | |
| CBTC 业务 | 1 Mbit/s | 1 Mbit/s | 1 Mbit/s | 1 Mbit/s | 优先级高,每小区关联 6 列车 |
| PIS 紧急文本 | — | — | — | 40 kbit/s | |
| 列车运行管理控制业务 | — | — | 0.5 Mbit/s | 4 kbit/s | |

续上表

| 业务类型 | A 网 | | B 网 | | 备　　注 |
|---|---|---|---|---|---|
| | 上行 | 下行 | 上行 | 下行 | |
| 集群语音业务 | — | — | 1 Mbit/s | 1 Mbit/s | 每小区 10 个通话组,安全业务,优先级高 |
| 视频监视业务 | — | — | 12 Mbit/s | | |
| PIS 视频业务 | — | — | — | 6 Mbit/s | |
| 合　　计 | 1 Mbit/s | 1 Mbit/s | 14.5 Mbit/s | 8.05 Mbit/s | |

b. AirFlash 5G 车地转储平台

由于 LTE 车地无线通信系统受带宽限制无法满足车载全量视频下传、PIS 垫片资源的快速部署以及车辆 TCMS 全量数据的落地。为了提高网络带宽,改善网络可靠性和可维护性,满足车载视频回传、PIS 车载视频下发、TCMS 数据分析等大数据业务及运营安全生产需求的需求,宁句线构建 5G 高速转储平台即 AirFlash 5G 车地转储平台,该平台使用 5G 移动通信技术,基于端到端的全新体系架构,采用全新毫米波频段、多天线、波束赋型等先进技术,具有超高带宽、超低时延、多连接等特性。应用于车地通信可以做到车、地之间通信设备的自动对准、自动连接、自动身份识别和自动上传,全程安全可靠,无需人工干预,可提供不低于 1.5 Gbit/s 的空口传输速率。

AirFlash 5G 车地转储平台承载车载视频回传、PIS 视频下发及 TCMS 数据回传等车地无线业务,业务带宽如下:

1 座车站部署的车地无线网络,在列车停站期间完成单程视频数据的回传,实现车载视频准时视频下传,并满足 90 d 存储的要求。按照初期 4B 编组考虑,带宽需求见表 B.2。

表 B.2　AirFlash 5G 系统承载业务带宽需求

| 编组 | 摄像机数个/车厢 | 摄像机数个/驾驶室 | 摄像机数个/受电弓 | 合计 | 全周转时间 | 视频容量 |
|---|---|---|---|---|---|---|
| 4B | 2(2 Mbit/s) | 3(2 Mbit/s) | 1(2 Mbit/s) | 16 | 90 min | 21.1 GB |

每日更新 PIS 系统数据的需求,每端更新容量暂按 10 GB 计。

TCMS 数据回传需求,每端回传容量为 3 GB。

c. 5G 公专网

目前,城市轨道交通中应用最多的无通信线技术是第四代移动通信系统,即 LTE-M 系统,主要承载了列控、集群调度、PIS 直播、CCTV 图像回传等业务,成为综合承载城轨业务应用的关键系统,但由于 1 800 MHz 频段频谱资源不足和频率干扰等问题,在首先满足 CBTC 等列车控制业务需求外,无法为 CCTV、高清 PIS、智能应用等业务提供承载,还需选择其他制式(如 5.8 GHz WiFi、AirFlash 等)予以补充。

5G 公专网是基于运营商 5G 公网,通过资源隔离等技术手段,提供专属网络能力,承载轨道交通相关数据业务,覆盖轨道交通全场景,从而实现 5G 公网专用。

宁句城际是国内首次在轨道交通行业引入 5G 公专网的线路。宁句城际与中国联通南京分公司合作,采用 n78(3.4~3.6 GHz)频段,基于 5G 公网切片技术,首创具有轨道交通行业特色的 5G 公网+边缘计算 MEC+专网应用 5G 公专网架构,实现了 5G 公网专用,5G 公专网总体架构如图 B.2 所示。

宁句城际 5G 公专网 MEC(边缘计算)设备设置在百水桥站专用通信设备室,通过硬件防火墙与地铁业务对接,5G 公专网覆盖由室内和隧道两部分组成,室内覆盖站厅、站台等公共区域,包括站厅公共区、站台公共区、出入口通道等处,隧道覆盖区为宁句线正线轨行区,正线区间统一采用 1-1/4 泄漏同轴电缆进行覆盖,百水桥站—马群站区间内采用 4T4R 方案,百水桥站和马群站轨行区,马群站折返线区域采用 2T2R 方案。地面区域和区间过渡段设置 5G RRU 设备进行无线覆盖。

宁句城际 5G 公专网承载了信号系统和车辆系统的车地无线业务,具体系统业务名称及需求见表 B.3。

(2)传输系统

①基本方案

宁句线传输系统采用 XTran 系列 PTN 设备(简称 XTran)。在控制中心、车辆段和车站分别设 1 套 XT2215A 节点设备,共 15 台 XT2215A 节点设备组成 40G 自愈保护环。

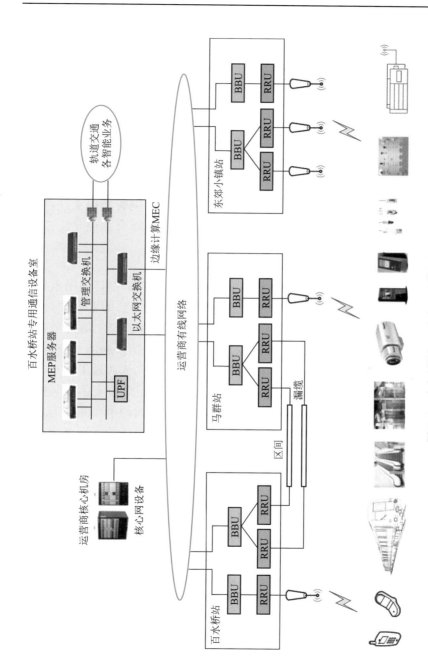

图 B.2 宁句城际 5G 公专网总体架构

表 B.3　5G 公专网承载业务带宽需求

| 序号 | 系统业务名称 | 带　　宽 |
|---|---|---|
| 1 | 信号系统车载控制单元数据 | 每列车每端上下行各 1.5 Mbit/s |
| 2 | 信号系统智能运维 | 每列车每端上下行各 10 Mbit/s |
| 3 | 车辆智能运维 | 上行 10 Mbit/s，下行 1 Mbit/s |

传输系统主要为以下各系统提供传输通道：公务电话系统；专用电话系统；无线通信系统；LTE 车地无线通信系统；车地无线高速转储系统网管；时钟系统；通信电源系统网管；自动售检票系统；视频监视系统；广播系统；乘客信息系统；集中录音系统；集中告警系统；综合监控系统；其他系统或专业。

②跨线运营方案

在规划中，宁句线与南京地铁 13 号线贯通运营，根据目前南京灵山控制中心的用房条件和运营部门贯通运营统一调度的要求以及信号系统贯通运营方案，南京地铁 13 号线及宁句线西延工程扩容宁句线传输系统，考虑南京地铁 13 号线和宁句线西延工程存在分期开通的可能，南京地铁 13 号线与宁句线西延工程传输环相切，同时宁句线西延工程与宁句线传输环相切；考虑到灵山控制中心用房条件和车站设备安装空间的不足，并结合 XTran 传输设备的组网特性，建议选择正线两个车站作为传输环的切点，构成三环网传输结构，实现传输系统承载业务的互联互通。传输网系统如图 B.3 所示。

(3) 视频监视系统

①基本方案

宁句线视频监视系统采用华为 CloudIVS 3000 轻量化视频云产品，该平台通过 CPU、GPU、存储等资源进行异构计算资源形成容器资源池，对资源进行统一调度和管理，配置灵活。单台设备支持视频管理、视频解析、视频检索全业务融合。视频监视系统为控制中心和车站/车辆段两级组网，两级均可对系统内的图像进行监视和控制，监视功能相互独立。本系统采用 IP 网络全高清系统组网，分辨率至少达到 1 920×1 080 P (200 万)，编码格式采用国际标准的 H.265(兼容 H.264)，要求系统须从

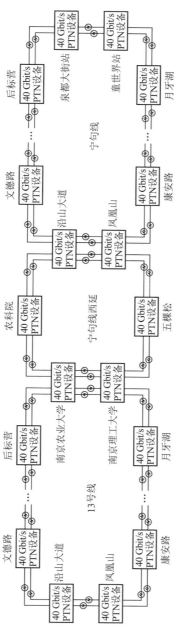

图 B.3　传输网系统

图像的采集、传送、存储、显示全部达到全高清,符合 HDTV 标准的分辨率 1 920×1 080 P 全实时图像画质。视频监视系统是保证城市轨道交通行车组织和安全的重要手段,是地铁运营、管理现代化的配套设备,是供运营、管理人员监视列车运行、客流情况、变电所设备室设备运行情况等,提高行车指挥透明度的辅助通信工具。当发生灾情时,视频监视系统可作为防灾指挥抢险的指挥工具。

②跨线运营方案

在规划中,宁句线与南京地铁 13 号线贯通运营,根据目前南京灵山控制中心的用房条件和运营部门贯通运营统一调度的要求以及信号系统贯通运营方案,视频监视系统有两种解决方案:

方案一:在南京地铁 13 号线新设控制中心设备、车站、场段视频监视系统设备,南京地铁 13 号线视频监视系统平台按照 GB/T 28181 规范要求,采用平台级对接与宁句城际视频监视平台实现互联互通,实现两线视频监视系统的统一控制和调看。

方案二:南京地铁 13 号线新设车站、场段视频监视系统设备,通过扩容宁句线视频监视系统平台满足新设车站、场段视频监视系统设备的接入需求,使南京地铁 13 号线和宁句线视频监视系统成为一个整体,以实现统一控制和调看。

综合考虑招标设备选型受限和灵山控制中心用房条件不足的情况,本工程将方案一作为主选方案;若南京地铁 13 号线及宁句线西延工程新设车站、场段视频监视系统设备与宁句线既有视频监视系统设备品牌相同且设备型号相互兼容,则采用方案二。

## 二、南京至马鞍山市域(郊)铁路工程

1. 项目概况

南京至马鞍山市域(郊)铁路工程(简称宁马线)起自南京市西善桥站,沿宁芜公路、景明大街、江东大道敷设,有效串联南京板桥新城、滨江新城、马鞍山,终点至马鞍山当涂南站,如图 B.4 所示。全线长约 54.23 km,其

中地下线 11.48 km,过渡段 0.55 km,地面线 0.58 km,高架线 41.62 km。共设 16 座车站,其中地下站 4 座,高架站 12 座。采用市域 B 型车,初期 4 辆编组,近期 4/6 辆编组,远期 6 辆编组,车辆最高运行速度 120 km/h。供电制式采用 DC 1 500 V 接触网。宁马线未来规划与南京地铁 8 号线衔接。

宁马线计划于 2025 年开通,南京地铁 8 号线处于规划中,未来在南京地铁 8 号线设计时要考虑与宁马线实现无缝衔接、双向贯通运营、车辆跨线混跑。

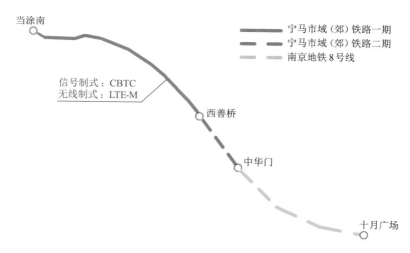

图 B.4  宁马线铁路线路示意图

注:规划中的南京地铁 8 号线与宁马线实现无缝衔接、双向贯通运营、车辆跨线混跑。

## 2. 信号系统制式及运行要求

宁马线采用城轨制式的基于通信的列车控制(CBTC)系统,由 LTE-M 来进行业务承载,实现车地之间列控系统的交互协调。未来南京地铁 8 号线的列控系统需与宁马线按照互联互通标准进行建设,为了满足双向贯通运营的需求,南京地铁 8 号线宜采用与宁马线统一制式的信号系统,这样能够最大限度地控制工程实施难度和风险。

3. 通信系统方案

(1)无线通信系统

①基本方案

宁马线采用 LTE-M 无线通信制式,LTE-M 是车地之间业务交互的关键承载网络。为了保障列控业务的可靠性,需设立 AB 两套网络对其冗余承载,其中 A 网只承载 CBTC;B 网为综合承载网络,需承载 CBTC、语音集群调度业务、列车运行状态监测业务、列车紧急文本业务、PIS 视频业务、列车视频监视业务。

宁马线已取得 20 MHz 频率批复用于 LTE-M 建网,全线范围内频率使用情况为:A 网使用 1 785~1 790 MHz 共计 5 MHz 带宽同频组网,B 网使用 1 790~1 805 MHz 共计 15 MHz 带宽同频组网。考虑到未来南京地铁 8 号线需与宁马线贯通运营,8 号线的频率配置及时隙配置宜与宁马线保持一致。

②车地业务带宽分配方案

单小区 6 列车情况下,宁马线 A、B 网各业务带宽分配方案见表 B.4。

**表 B.4　宁马线 LTE 系统承载业务带宽需求**

| 业务类型 | B 网(综合承载) | | A 网 | | 备 注 |
|---|---|---|---|---|---|
| | 上　行 | 下　行 | 上　行 | 下　行 | — |
| CBTC 列车运行控制 | 6×256 kbit/s | 6×256 kbit/s | 6×256 kbit/s | 6×256 kbit/s | |
| 列车紧急文本 | — | 6×10 kbit/s | — | — | 安全业务,优先级高 |
| 列车运行状态监测 | 6×104 kbit/s | 6×1 bit/s | — | — | |
| 语音集群调度 | 512 kbit/s | 512 kbit/s | — | — | |
| 列车视频监视 | 8 Mbit/s | — | — | — | — |
| PIS 视频业务 | — | 6 Mbit/s | — | — | — |
| 合　　计 | 10.6 Mbit/s | 8 Mbit/s | 1.5 Mbit/s | 1.5 Mbit/s | — |

B 网综合承载业务带宽需求为:上行 10.6 Mbit/s、下行 8 Mbit/s;A 网业务带宽需求为:上行 1.5 Mbit/s、下行 1.5 Mbit/s。

③跨线贯通运营解决方案

为了实现宁马线和 8 号线跨线贯通运营的场景需求,需要满足两点:

　　a. 从业务系统层面需要实现两线信号系统、专用电话系统、公务电话系统、广播系统、时钟系统、视频监视系统、PIS、AFC 及综合监控等业务系统的互联互通;

　　b. 从传输网络层面需要实现两线专用通信传输系统及 LTE-M 车地无线等承载网络的互联互通,为两线业务系统对接提供网络通道。

　　具体措施如下:

　　两线各业务系统对接需要保证系统对接的兼容性要求,未来 8 号线的业务系统要按照与宁马线业务系统互联互通的标准进行建设。

　　两线专用通信传输系统通过上层骨干传输网打通,未来 8 号线控制中心规划在灵山控制中心、宁马线控制中心位于滨江控制中心,既有上层网已经打通两控制中心之间的传输通道,未来 8 号线线路级专用通信传输系统通过接入灵山上层网节点即可实现两线专用通信传输系统的互联互通。

　　两线 LTE-M 车地无线采用核心网互联互通,核心网之间通过标准的 S5、S10、S6a、Tc2 接口对接,支持跨线的漫游业务。核心网间互联互通的逻辑架构如图 B.5 所示。

### 三、市郊铁路(轨道交通延长线)跳磴至江津线工程

　　1. 项目概况

　　市郊铁路(轨道交通延长线)跳磴至江津线(简称江跳线)是江津区连接重庆市主城区的一条便捷、快速客运通道,起于轨道交通五号线终点跳磴车站(五支线方向设站后折返线),到达本期设计终点滨洲路口南侧,线路全长 28.22 km,其中地下段 5.80 km,高架段 19.56 km,地面段 2.86 km;新设建桥 C 区、九龙园、双福东、双福西、滨江新城北、江津共六座车站,均为高架站,平均站间距 4.39 km;设双福车辆段及控制中心。线路采用 AC 25 kV 及 DC 1 500 V 架空悬挂接触网供电,山地 As 双流制型车 6-6-7 辆编组。正线交、直流牵引供电系统转换位置位于中梁山隧道进口附近(跳磴至江津方向转换里程为 YAK49+270,江津至跳磴方向转换里程为 YAK49+430)。

　　江跳线于 2022 年 8 月开通,重庆 5 号线一期工程于 2017 年 12 月开通。

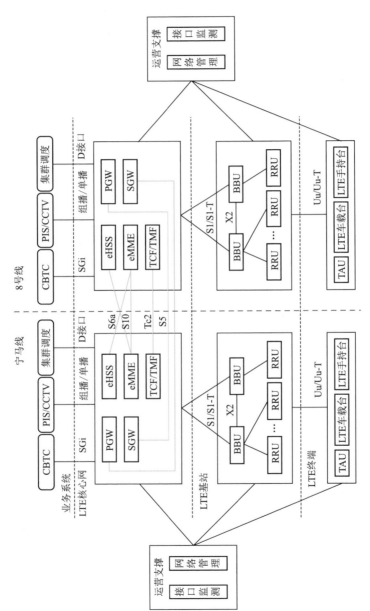

图 B.5　宁马线与 8 号线核心网联互通示意图

　　江跳线列车在跳蹬站进入重庆 5 号线一期工程,与 5 号线贯通交路运行,车辆跨线运营。贯通运营是指既有江跳线的列车可以在五号线实现无缝安全运行,江跳线的列车进入五号线区间后,纳入五号线的统一管理。重庆 5 号线一期工程起于两江新区园博中心,经歇台子、石桥铺、巴山、二郎、铁路重庆西客站、华岩寺后,止于跳蹬。线路总长约 39.75 km,设车站 25 座。线路采用 DC 1 500 V 架空接触网供电。江跳线运行交路如图 B.6 所示,江跳市域铁路线路如图 B.7 所示。

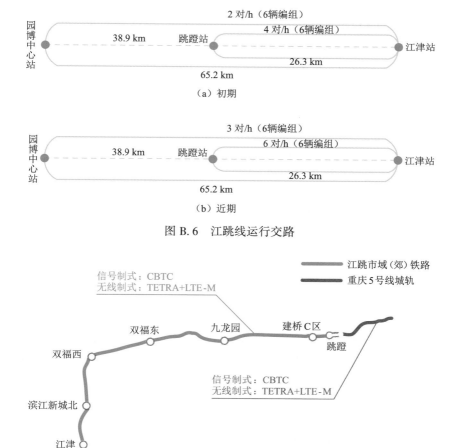

图 B.6　江跳线运行交路

图 B.7　江跳市域铁路线路示意图

2. 信号系统制式及运行要求

重庆 5 号线、江跳线均采用城轨制式的基于无线通信技术的 CBTC 系统。江跳线按与重庆 5 号线贯通运行标准进行建设。江跳线采用与重庆 5 号线统一制式的信号系统,将最大限度地控制工程实施难度和风险。

3. 通信系统方案

(1)无线通信系统

①调度通信

a. 基本方案

重庆 5 号线、江跳线均采用 800 MHz TETRA 数字集群通信系统组网,各自新设交换中心设备,江跳线提供的设备满足与 5 号线中心交换设备互联互通、贯通运营的要求。

b. 跨线运营解决方案

重庆 5 号线、江跳线均采用 800 MHz TETRA 数字集群,中心设备的互联互通如图 B. 8 所示。

江跳线建设的核心交换中心交换设备将与既有 5 号线核心交换中心内的核心交换设备实现系统级全功能的互联互通,两个核心交换中心通过传输系统提供的以太网传输通道进行组网。

②信号车地无线通信

重庆 5 号线及江跳线的信号车地无线系统,均采用 LTE-M 技术组网。全线范围 A 网使用 5 MHz 系统带宽同频组网,B 网使用 5 MHz 系统带宽同频组网。A、B 网相互独立,并行工作(前端共用天馈系统)。

为了实现江跳线的列车能从跳磴站开到 5 号线共线运营或换乘,需要实现江跳线和重庆 5 号线的 A、B 网的 LTE 在跳磴站的连续覆盖,通过跨核心网切换,保障 LTE 车地数据业务的跨网的连续性。基本保持重庆 5 号线在跳磴站的无线覆盖,由江跳线项目根据现有的网络覆盖情况设计相关的布站方案,保障切换区能完成跨系统的切换。互联互通方案如图 B. 9 所示。

③PIS 车地宽带无线通信

重庆 5 号线、江跳线均采用 802. 11 n 无线局域网方案组网。江跳线在设计阶段,为利于后期的实施,对车载设备按两套设备设置,其中一套

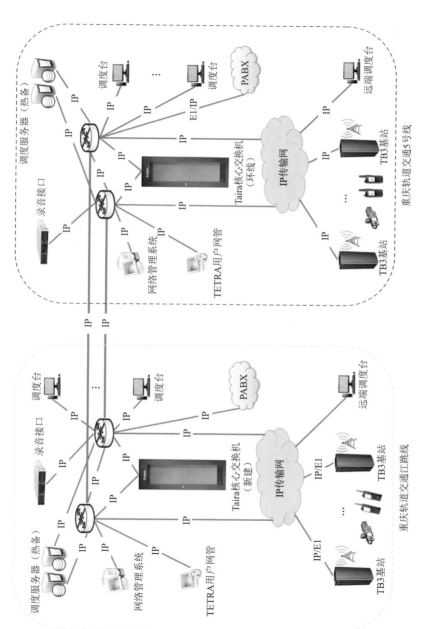

图 B.8　TETRA 互联互通方案示意图

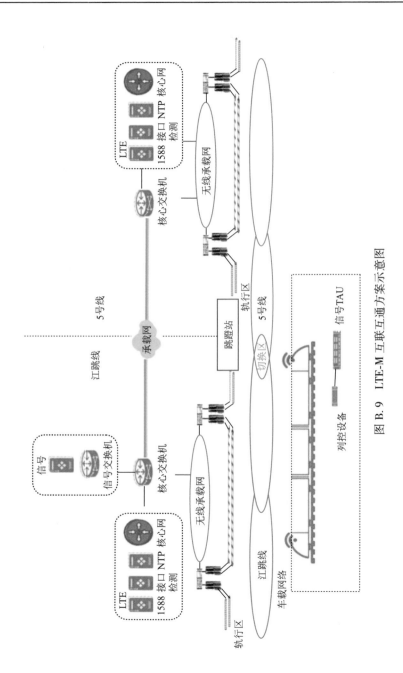

图 B.9  LTE-M 互联互通方案示意图

为既有 5 号线车载设备。根据招标结果,为同一家供货商设备,系统具有完全的兼容性,能满足贯通运营的要求。

（2）传输系统

江跳线与 5 号线贯通运营,需要考虑通信系统与 5 号线互联互通,江跳线在 5 号线大竹林控制中心新设一套传输节点,实现江跳线与 5 号线的业务无缝对接。传输系统如图 B.10 所示。

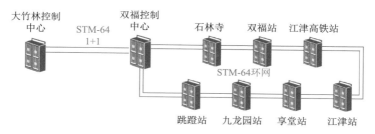

图 B.10　传输系统

#### 四、雄安新区至北京大兴国际机场快线项目

1. 项目概况

雄安新区至北京大兴国际机场快线（简称雄安快线）起于雄安新区启动区城市航站楼,经廊坊市接入北京大兴机场线的大兴机场站（地下站）,实现与北京大兴机场线衔接。线路全长约 86.26 km,高架段约 65.37 km,U 形槽及过渡段约 1.09 km,地下段约 19.80 km。高架段最高运行速度 200 km/h,地下段最高运行速度 160 km/h,采用市域 D 型车,AC 25 kV 供电。

雄安快线正在做初步设计,计划于 2025 年开通,北京地铁大兴机场线已于 2019 年开通。在雄安快线设计时,要求考虑与北京大兴机场线实现无缝衔接、单向贯通运营（雄安快线跨线至大兴机场运行）、车辆跨线混跑。雄安快线如图 B.11 所示。

2. 信号系统制式及运行要求

雄安快线、大兴机场线均采用城轨制式的基于无线通信技术的 CBTC 系统。与北京大兴机场线按照互联互通标准进行建设。根据本线需要与

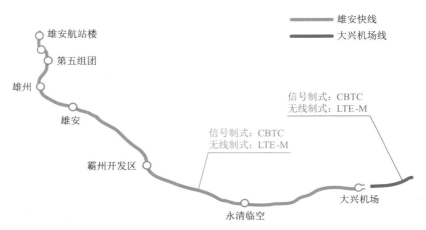

图 B.11　雄安快线线路示意图

北京大兴机场线贯通运营的需求,雄安快线采用与北京新机场统一制式的信号系统,将最大限度地控制工程实施难度和风险。

3. 通信系统方案

（1）无线通信系统

①基本方案

雄安快线、大兴机场线均采用 LTE-M 无线通信制式,LTE-M 实现数据及集群语音通信业务功能。本工程无线通信系统按 A、B 双网设计,采用综合承载方式,A 网承载 CBTC、语音集群通信和 PIS、列车视频监控业务等业务信息,B 网用于独立承载 CBTC 业务。

考虑到与大兴机场线贯通运行,雄安快线的频率配置宜与北京大兴机场线保持一致,雄安快线的频率待申请。大兴机场线频率使用情况为:地下区域 A 网使用 1 785~1 800 MHz 共计 15 MHz 带宽同频组网,B 网使用 1 800~1 805 MHz 共计 5 MHz 带宽同频组网。地面区域 A 网使用 1 785~1 795 MHz 共计 10 MHz 带宽同频组网,B 网使用 1 795~1 800 MHz 共计 5 MHz 带宽同频组网。

②跨线运营解决方案

雄安快线及大兴机场线均采用 LTE-M 技术进行综合承载,两条线分别建设 LTE 核心网和无线网,按 LTE-M 标准实现两线 LTE-M 系统的互联互通,即核心网之间通过 S-GW 和 P-GW 之间的 N5 接口互联,采用归属地路由方式,业务系统分别与两线的核心网互联,实现雄安快线的列车跨线运行到大兴机场线的运行组织。

当雄安快线的车漫游到大兴机场线时,以信号 CBTC 系统为例路由选择:雄安 ATP 列车—大兴机场线基站—大兴机场线 S-GW—雄安快线 P-GW—大兴机场线 ATS。

核心网设备配套设置路由器和交换机设备,两线路由器和交换机设备之间互联,完成跨线路的路由选择和发布。雄安快线与大兴线核心网互联如图 B.12 所示。

③车地大带宽业务解决方案

雄安快线各业务的带宽需求见表 B.5。

**表 B.5　雄安快线无线通信系统业务带宽需求**

| 序号 | 综合承载业务 | 地下15 MHz 带宽综合承载分配 | | 地面 10 MHz 带宽综合承载分配 | |
|---|---|---|---|---|---|
| | | 上行传输速率 | 下行传输速率 | 上行传输速率 | 下行传输速率 |
| 1 | CBTC 列车运行控制 | 4×512 kbit/s | 4×512 kbit/s | 4×512 kbit/s | 4×512 kbit/s |
| 2 | 集群调度语音业务 | 512 kbit | 512 kbit | 512 kbit | 512 kbit |
| 3 | 乘客紧急对讲 | 64 kbit/s | 64 kbit/s | 64 kbit/s | 64 kbit/s |
| 4 | 列车紧急文本 | — | 4×10 kbit/s | — | 4×10 kbit/s |
| 5 | 列车运行状态监测 | 4×104 kbit/s | 4×1 kbit/s | 4×104 kbit/s | 4×1 kbit/s |
| 6 | 列车视频监控业务 | 5.5 Mbit/s | — | 3.5 Mbit/s | — |
| 7 | PIS 视频业务 | — | 4.0 Mbit/s | — | 4.0 Mbit/s |
| 8 | 6C 业务(非实时) | 0.21 Mbit/s | 0.1 Mbit/s | 0.21 Mbit/s | 0.1 Mbit/s |
| 9 | 走行部业务(非实时) | 非实时 | — | 非实时 | — |
| 10 | 集群调度视频业务(可选) | 1 Mbit/s | 1 Mbit/s | 1 Mbit/s | 1 Mbit/s |

根据雄安快线的业务需求,如果雄安快线能够申请到地下区域 20 MHz 带宽,地面区域 15 MHz 带宽,只需建设 LTE-M 网络(A 网+B 网)即可满足本线业务需求。如果申请带宽小于 15 MHz,考虑组网、维护、投资和引入风险,结合本线路特点,雄安快线推荐 LTE-M+公网 5G 方案。LTE-M 建设由无线通信系统统一建设,LTE-M 的承载业务主要包括 CBTC

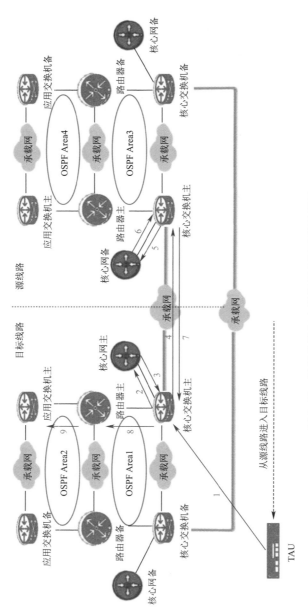

图 B.12　雄安快线与大兴线核心网互联示意图

列车控制业务、列车运行状态监测、集群调度业务等;公网 5G 承载业务包括非关键视频监视业务、PIS、乘客上网业务及后期建设智慧化物联网等业务。

（2）传输

雄安快线、大兴机场线传输系统均采用 PTN 技术,各车站设置 1 套 PTN 传输设备,最大带宽可支持 100 Gbit/s。

雄安快线在北京大兴机场线 OCC 机房设置 1 套 100 Gbit/s 的传输设备,与雄安快线控制中心设置的传输设备组成一个从北京大兴机场线 OCC 至雄安快线 OCC 的传输网络,如图 B.13 所示。

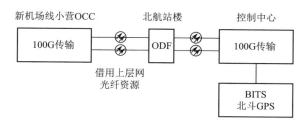

图 B.13 传输网系统图

雄安快线通信系统中,需与北京大兴机场线互联的主要有专用电话系统、公务电话系统、无线通信系统、广播系统、时钟系统、视频监视系统,同时还有信号、PIS、AFC、综合监控等,其中各系统带宽需求为:专用电话系统,100M;公务电话系统,100M;无线通信系统,1000M;广播系统,100M;时钟系统,30M;视频监视系统,1000M;信号系统,200M;PIS 系统,1000M;AFC 系统,200M;综合监控系统,400M;带宽合计为 4130M。

（3）视频

视频系统采用高清 IP 摄像机,采用全数字高清视频监视技术可以更好地满足运营管理要求,适应技术的发展趋势,且目前高清技术已成熟,成本逐年下降,具有更高的性价比。编码方式推荐采用 H.265 编码协议。视频存储采用中心集中存储的技术。视频监视系统是城市轨道交通维护和保证运输安全的重要手段。因此,雄安快线和北京大兴机场线贯通对于视频监视系统主要是实现本线与北京大兴机场线视频监控互相调看和协调控制。由于雄安快线与北京大兴机场线采用的均是全高清的方式,均符合 GB/T 28181 的要求,推荐系统采用平台级对接。雄安快线在控制中心设置视频转发服务器实现两线的控制和统一调看。

### 五、新建铁路深圳至惠州城际铁路

1. 项目概况

(1)线路概况

新建铁路深圳至惠州城际铁路(简称深惠城际)位于广东省南部,途经深圳、东莞和惠州,是粤港澳大湾区城际铁路网的重要组成部分,如图 B.14 所示。前海保税区至坪地段线路起于深圳市前海保税区,止于深圳市坪地低碳城,途经深圳市前海合作区、宝安区、南山区、龙华区、龙岗区,东莞市凤岗镇,正线长度 58.415 km。

前保—坪地段设站 11 座,新建站 11 个,运营长度为 58.415 km,站间距最大 11.437 km(西丽—深圳北)、最小 1.956 km(怡海—鲤鱼门)、平均 5.804 km。新圩至惠东北段设站 8 座,其中既有站 1 座(沥林北站),新建站 7 座。

深惠城际在五和站与深大城际跨线运营,在沥林北站与既有莞惠城际跨线运营。莞惠城际采用国铁标准建设,设计最高时速 200 km。

根据行车交路,深惠城际列车通过沥林北站可前往莞惠城际惠州方向,但无莞惠城际东莞方向交路;莞惠城际车通过沥林北站可前往深惠城际惠东北方向,但无深惠城际深圳方向交路。

(2)运营管理

本次推荐采用自管模式,深惠城际前保至坪地段建设投资全部来自地方政府,深圳铁路投资建设集团有限公司负责项目建设和资产管理,运营管理委托广东深莞惠城际铁路运营有限公司。

本线新设两个行调台,深惠 1 台负责前保(含)—五和(含),深惠 2 台负责平湖(含)—沥林北( 不含)运营调度管理,沥林北(含)—惠东北由既有莞惠城际列调台负责行车调度。五和站仅管辖深惠本线范围。

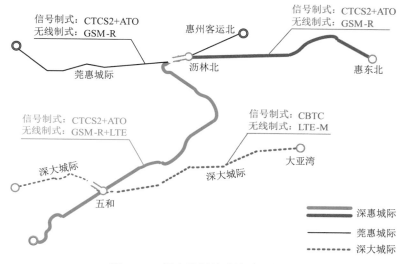

图 B.14　深惠城际铁路线路示意图

### 2. 信号系统制式及运行要求

深惠城际列车运行控制方式采用 CTCS2+ATO 列控系统,深大城际列车运行控制方式采用基于无线通信技术的 CBTC 系统,既有莞惠城际列车运行控制方式采用 CTCS2+ATO 列控系统。

### 3. 通信系统方案

（1）调度通信系统

深惠城际前保至沥林北(含)采用多媒体调度通信系统,利用拟建深圳调度中心工程设置的多媒体调度所型调度交换机(一主一备),在拟建深圳调度中心调度大厅设置深惠城际列调一台、助调一台、列调二台、助调二台以及电调台、环调台、维调台等。

在全线各车站分别设置一套多媒体车站调度交换机设备,通过传输系统接入拟建调度中心设置的多媒体调度所型调度交换机。

深惠城际沥林北(含)至惠东北采用与莞惠城际一致的数字调度通信系统,利用既有调度所型调度交换机,在沿线新设车站调度交换机。

深大城际调度通信系统方案与深惠城际前保至沥林北(含)一致。

（2）无线通信系统

①移动通信系统方案

a. 设计方案

深惠城际前保至沥林北（含）采用 GSM-R+LTE 双制式无线通信系统，GSM-R 系统主要承载 ATO 及调度命令等业务，LTE 系统主要承载视频调度和集群语音等业务。其中，GSM-R 系统采用冗余覆盖方式，在拟建调度中心新设 BSC，通过传输系统接入广州局集团公司既有 MSC；LTE 系统采用普通单网覆盖方式，与深大城际、大鹏支线共用拟建调度中心的核心网 A。

深惠城际沥林北（含）至惠东北采用 GSM-R 无线通信系统，承载 ATO 及调度命令、集群语音等业务。GSM-R 系统采用车站 A/B 双网覆盖，区间普通单网覆盖方式，新设 BSC，并通过传输系统接入广州局集团公司既有 MSC。

深大城际无线通信采用 LTE 系统，并综合承载语音集群和 CBTC 等业务。LTE 系统采用 A/B 双网覆盖方式，A 网同时承载语音集群业务、信号 CBTC 业务等，B 网独立承载 CBTC 业务。

五和站 LTE A/B 网由深大城际统筹考虑，深惠城际利用五和站 LTE A 网承载视频调度、集群语音等业务。

b. 频率规划

（a）GSM-R

GSM-R 系统上行频段为 885~889 MHz，下行频段为 930~934 MHz；双工间隔 45 MHz，载频间隔 200 kHz。除去 200 kHz 的保护间隔，共有 19 个可用频点。

（b）LTE

LTE 系统支持多种带宽配置：1.4 MHz、3 MHz、5 MHz、10 MHz、15 MHz 以及 20 MHz，本工程拟申请 10 MHz 带宽。使用频率以地方无线电管理委员会最终批准为准。

②车地无线通信系统

a. 设计方案

车地无线通信系统主要承载车辆状态信息监测信息、视频监控调看

（地方公安要求整列车视频实时调用）、车载 PIS 视频等业务,带宽需求见表 B.6。

表 B.6 车地无线通信系统承载业务带宽需求

| 序号 | 承载业务 | 上行带宽 | 下行带宽 | 备 注 |
|------|----------|----------|----------|-------|
| 1 | 车辆状态监测、记录信息 | 15 Mbit/s | 3 kbit/s | — |
| 2 | 视频监视调看 | 44 Mbit/s | — | 22 路视频(动车组列车 8 列编组) |
| 3 | 车载 PIS 视频播出 | — | 8 Mbit/s | — |
| 合计 | — | 59 Mbit/s | 8.1 Mbit/s | — |

根据需求分析,现阶段暂推荐 EUHT 技术,深惠城际、深大城际沿线新设 EBU、EAT 等地面设备,并通过传输系统接入拟建调度中心设置的 ECC。

b. 频率规划

EUHT 系统可用的频率区段为:5 470~5 850 MHz,EBU 设备可提供的基础带宽为 80 MHz,系统工作频率划分为 $f_1$、$f_2$ 共两个频段,每个频段 80 MHz,具体范围由设备提供商最终确定。

（3）跨线运营解决方案

①与深大城际跨线运营

在五和站站内进行 GSM-R、LTE（A/B 双网）双网交叠覆盖。深惠城际动车组列车除配置本线所需的 GSM-R CIR 以及 LTE CIR 外,还需配置 LTE TAU 设备（车头车尾分别设置两套）;深大城际列车除配置本线所需的 LTE CIR 以及 LTE TAU 设备（车头车尾分别设置两套）外,还需配置 GSM-R CIR 设备。

目前两条城际铁路在五和站均需停车,进行列控系统的切换（信号也配置双车载）,切换完成后方可跨线运营。

②与莞惠城际跨线运营

由于深惠城际与莞惠城际均采用相同的列控系统,且深惠城际沥林北至惠东北段的调度通信系统、移动通信系统与莞惠城际一致,可实现无缝跨线运营。

4. 需要说明的问题

根据初步设计批复,深惠城际目前采用 CTCS2+ATO 列控系统,车辆采用 CRH6A 型动车组列车。由于动车组安装非国铁标准车载台(EUHT、LTE、信号 CBTC 等)需进行上道认证,所需时间较长,建设单位有意将深惠城际列控系统变更为 CBTC 系统,车辆采用市域 D 型车。因此上述方案均根据初步设计批复的内容进行编写,后续根据深惠城际变更情况适时进行更新。